馬雲
給年輕人的
12 _堂

求生課

今天很殘酷
明天更殘酷
後天會很美好

編著 ——— 張燕

Contents

Lectures

特別收錄——馬雲精彩演說全文

Lesson

1 成長這回事——學會用左手溫暖右手

沒有人是完美的，社會不可能完美，因為社會是由所有不完美的人組成的。你的職責就是比別人多勤奮一點、多努力一點、多有一點理想，世界才會好起來。我就是這麼走過來的。之所以能走到今天，唯一的理由是我比同齡的人更樂觀、更會找樂子，更懂得用左手溫暖右手，相信明天會更好。

chapter 1

成功與讀多少書沒關係

馬雲：「三年以前我送一個同事去讀ＭＢＡ，我跟他說，如果畢業以後他忘了所學的東西，那他已經畢業了。如果他天天還想著所學的東西，那他就還沒有畢業。學習ＭＢＡ的知識，但要跳出ＭＢＡ的局限。」

我不是說假話，我書讀得真的不太多。書院邀請我，我說我書讀得真的不太多。成功還是不成功，跟讀多少書沒關係，但是你成功以後讀書很重要。我看到很多人成功跟讀書沒有關係，但是成功人士不讀書一定往下滑，而且會滑得很慘。我們看了太多這樣的案例。我覺得讀書要會讀，我不算會讀書的人，但是我努力做一個會讀書的人。有時候我在公司裡碰到很多人很會讀書，他們智商很高，ＥＱ極低。成功與否跟ＥＱ有關係。我把人當書看，我碰上任何一個人，不管他是怎麼樣一個人，我都很欣賞他。我總是說，這哥們兒挺逗的，還有這樣的想法。而且絕大部分的書，我看了前面幾頁基本上能猜出後面幾頁，後面的故事基本上我能猜出來，所以大部分書我看了會扔掉。當然金庸的書我是永遠猜不出來的，我覺得特別好玩兒。

人是一本耐讀的書，我自己覺得我們公司兩萬四千名員工是兩萬四千本書，各種各樣的，他們每個人的人生閱歷，他們每個人碰上一個事情或問題怎麼處理，都是大大出乎我的意料。在座每一位年輕人，看書固然重要，但是看人、和人相處更為重要。我記得當年淘寶跟eBay競爭，有幾個朋友給我一本書，說：「馬雲，這本書必須看，你看了這本書，你才可以打敗eBay。」eBay出了一本書《完美市場》，指出eBay當年怎麼打敗雅虎。我把這本書扔到了垃圾筒裡，我說希望有一天看到我們怎麼打敗eBay的書。因為你看了以後基本上會按照這個路徑走，你會太瞭解它，以及別人怎麼打它，最後就越走越遠。

看書是一種樂趣，看了以後覺得挺快樂的，哈哈一笑，或者嚎啕大哭一場。但是我看書，讓我背誦幾段，還要講幾段，我是做不到的。我這個人腦袋小，我要懂得合理運用小腦袋的方法，就是東西得忘得快。我的腦袋像電腦一樣，電腦不是程式裝得越多、軟體裝得越多就越靈活，而是程式裝得越多，電腦跑得越慢；我腦袋小，銀泰集團董事長沈國軍轉一圈，我已經轉四圈半回來了，只能跟人家比誰快。

另外，看書真是看什麼補什麼。有人說，馬雲你給我一批書單，我看你看什麼書，我好好看看。我說，第一、我真的不怎麼看書；第二、我喜歡的你未必喜歡，我就喜歡看漫畫書。有人說，馬雲你怎麼喜歡看金庸的小說。我真的喜歡看金庸的小說，喜歡，沒有對錯。所以看書得找自己覺得喜歡的看，我們隔壁的老沈多勤奮，天天看那麼深奧的書，你看過兩本就一定瞎了。每個人只挑自己感興趣的書。我創業永遠挑自己最開心的事情做，挑最容易的事情做，挑大家都喜歡做的事情做，最重要的事情、最難做的事情留給別人。這是實話，這是一個創業的秘訣。人生多累，你有一個老闆已經夠累了；如果沒有老闆，既希望做自己開心的事，又挑一本隔壁老沈看的書，你更累。人生苦短，讀書能給你帶來快樂，不是給你帶來壓力，讀書更不是比誰看的書多就行。我們公司的員工也好，外面的很多年輕人也好，他們博覽群書，我很欽佩，像活字典一樣。你問他王安石變法是哪一年，一〇六九年。多少乘以多少，弄一個電腦就可以了。

我反正已經這麼大了，這個年齡了，書也讀不多了，所以我給大家的建議是不讀書也挺好的。喜歡讀書，也很好，千萬不要因為覺得書讀得不夠多，覺得挺難受、挺丟臉，沒什麼丟臉的。人可以少讀書，多做事。有人事做得很多，當然時間有限，把自己的人生當一部書，翻過了就忘了。

chapter 2

敢於做夢，積極爭取

馬雲：「我有一個夢想，關於淘寶網的，希望在我離開這個世界之前，我能看到淘寶網一年的交易額突破十萬億人民幣。十萬億是什麼概念？二〇〇六年全中國零售總額加起來是七．六萬億，十萬億是很艱難的一個數字，但是我想如果我們努力，還是做得到的。」

一九九二年，星巴克股票正式在那斯達克上市了，霍華德．舒爾茨（Howard Schultz）告訴全世界：「我是一個夢想者。」馬雲也是一個夢想者，他的夢想舞台很大，在全世界的舞台上。馬雲的夢想總是很大，大得讓旁人認為他是在吹牛，說大話。

阿里巴巴還處於發展初期時，每天的營業額不過十幾萬元，但馬雲卻一再立下壯志，要將每天的營業額提升到百萬元。這種「雄心」嚇壞了外面的人，也嚇倒了公司裡的人，阿里巴巴的兩位高層對馬雲的志向持懷疑態度。他們和馬雲打賭，馬雲無法完成這個目標。

結果到了年底，馬雲贏得了這場賭局，那兩位高層自然是願賭服輸，不過也是輸得心服口服。他們看到了馬雲的魄力與成功，也看到了自己跟隨馬雲的希望和未來。馬雲的野心不僅僅如此，他的目光是瞄準全世界的。

當年的馬雲認為網際網路的核心企業和技術都在西方，能向網際網路投資的主流資金也都在西方，所以，要想發展壯大阿里巴巴，首先要搞定外國人。馬雲為了實現阿里巴巴走向世界的目標，他在一開始就將阿里巴巴的總部設在了香港——這個具有國際化色彩的都市。這樣既能更好地與世界接軌，又能讓全世界都知道，阿里巴巴是中國人創辦的企業。

為了能夠為阿里巴巴謀求更多的發展機會，馬雲開始往世界各地跑，他在美國建立技術基地，在倫敦開設分公司，在德國演講……一九九九年~二〇〇〇年，馬雲幾乎跑遍了地球的每一個角落。他參加各種商業論壇，在論壇上發表演講，發揮自己的口才優勢，宣傳阿里巴巴的企業文化、發展方向等。

很快地，馬雲的努力得到了回報。馬雲和阿里巴巴的名聲風靡了歐美地區，大家都知道東方有個小個子男人，常常揮舞著拳頭，神情激動地喊：「B2B模式最終將改變全球幾千萬商人的生意模式。」馬雲開始被一些世界級的重要雜誌和報紙關注。

看到這些小成就，馬雲越發堅定自己的行銷方式，他開始到歐美一些名校去演講，他說：「華頓、哈佛的MBA五年後就是大公司的高層，在他們腦子裡播下阿里巴巴的種子，五年後就會發芽長大了。」

馬雲的演講很受歡迎，每場都是人滿為患。也許是當過老師的緣故，馬雲在這些學校演講時，學生們對「馬老師」的演講都相當肯定。馬雲在哈佛演講時，有個人問了馬雲一個問題：「馬雲先生，在你開始演講之前，能否先談談在你簡歷裡面沒有提到過的事情呢？」馬雲風趣地回答：「十年前我申請過三次哈佛，被你們拒絕了，你們看都不看就拒絕掉了我的申請。」學生們被逗得哈哈大笑。

不卑不亢、急中生智、風趣幽默就是「馬氏演講」的特色。馬雲在哈佛演講完之後，有三十五個哈佛MBA的畢業生陸續投奔阿里巴巴。

人們不可以選擇自己的出身，但可以透過後天的努力改變自己。很多人總是在埋怨自己的機會太少，無法成就偉大的事業，殊不知機會都是需要爭取的。如果你想等著天上掉下一個大餡餅，那機會就永遠無法來到你面前；如果你肯四處尋找，那全世界都會有你通往成功之門的鑰匙。

馬雲在一次演講中說道：「阿里巴巴投入了大量的廣告在海外，我們要真正把中國出口商的品牌打到海外去。如果阿里巴巴的客戶不賺錢，阿里巴巴也不能賺錢……我一個一個做起來，然後一點一點去改善這個制度，這是我心裡想做的，是我們這幫人真心想做的事情。所以不管周圍多少人說我們不好，我都不管，我只是按照內心的想法去做。今天我們形成了一個良性循環，有五十萬專業的買家知道我們的產品——我經常坐在飛機上，和旁邊的人聊天時遞上阿里巴巴的名片。」

選擇用什麼樣的心態去面對人生，你的人生狀態就是什麼樣子。馬雲的心態總是積極的，這不僅激發了他更多的潛能，還吸引了更多正面能量，幫助他獲得更高的成就。

chapter 3

才華往往與容貌成反比

馬雲：「在這個世界上，只要有夢想，只要不斷努力，只要不斷學習，不管你長得如何，不管這樣，還是那樣，一個男人的才華往往與容貌是成反比的。」

相貌是父母給的，自出生之日就已經註定。馬雲長得不好看，但他並不被相貌的美醜所困擾，而是不斷提升思想，增長知識，一步一步走向了成功。

大考落榜後，馬雲一度四處找工作謀生。有一天，他在一位表弟的陪同下，去西湖邊一家賓館應聘，想做個端盤子的服務生。可是沒想到，陪同馬雲一起去的表弟被聘用了，他被拒絕了。老闆的理由是馬雲的表弟長得人高馬大，英俊帥氣；而馬雲又矮又瘦，小身子，小腦袋，太醜了。

馬雲沒想到自己的長相不好也成了錯誤，但他並未因此灰心喪氣。在經過若干年的努力奮鬥後，他成為了中國第一個登上《富比世》雜誌的企業家。《富比世》雜誌描述他為「深凹的顴骨、扭曲的頭髮、淘氣的露齒笑容、五英尺高、一百磅重的頑童模樣。」後來，馬雲在接受採訪時說：「一個男人的才華往往與容貌成反比。」這句話膾炙人口，廣為流傳，也為容貌不出眾的男人們出了一口氣。

馬雲上了富比世榜後，曾經在中國內地引起一陣富比世風波，有人崇敬馬雲，欣賞馬雲，也有人說他是花重金買來的虛名……。不管旁人怎麼說，馬雲的光芒已經是無可遮蓋。那一期的《富比世》雜誌，除了以馬雲作封面人物以外，還從全球二十五類、一千多家電子交易市場中選出做得最好的B2B企業，馬雲的阿里巴巴被評為綜合類B2B網站第一名。

這個長相奇特的男人用實力證明了自己的才華。馬雲在參加中央電視台的節目《對話》時，主持人和馬雲開玩笑道：「你說『一個男人的才華往往與自己的容貌成反比』，當時這句話一說出來，我看到很多人低下了頭，我猜他們肯定在埋怨，自己的父母親怎麼把自己生得那麼英俊。」

馬雲接過話茬兒，毫不謙虛地說道：「對，現在已經不太有人說自己長得有多麼帥了。我這次剛從歐洲回來，在歐洲有人好像也看見這個東西，然後所有人都說『你覺得我長得醜不醜』。」

馬雲說以前一直知道自己長得不好看，可也沒覺得很醜。直到有一次在香港的大街上閒逛時，他無意中從地攤上發現自己上了雜誌封面，看了封面上的那張照片後，才恍然大悟，原來自己那麼醜啊。

後來，主持人請馬雲準確評價一下自己的才華和容貌的關係時，馬雲認真地說：「反正我一直覺得我自己給很多人很多信心，長得醜沒關係，你可以不斷地充實自己，不斷地學習。一般來說，長得漂亮的人本錢多了，不願意做學習上的投資。所以像我們這樣的人沒辦法，只能多努力一點。」

正是因為馬雲的努力，阿里巴巴才會越來越強大，連續七次被《富比世》雜誌評為最佳B2B網站。

馬雲在《在路上》這一個中國的節目中，這樣鼓勵年輕人：

> 二十年以後的中國，流行的長相是跟我一樣。但是我跟你講，絕大部分的人把自己的能力看得過高，總是埋怨別人有問題、世界有問題、規則有問題、體制有問題，從來沒想過自己能力有問題，更沒有想過自己責任有問題。八〇後、九〇後也好，我們這個年代的人也好，都有過這樣的情形。你們總覺得自己挺厲害，憑什麼自己沒有機會，他有機會？憑什麼馬雲有機會，你們沒有機會？憑什麼？
>
> 世界本來就是不公平的，怎麼可能公平？你出生在農村，比爾·蓋茲的孩子出生在蓋茲家裡面，你能比嗎？但是有一點是公平的，比爾·蓋茲一天二十四小時，

你一天也是二十四小時。這二十四小時有三個八小時，這八小時你在路上走、在擠公共汽車的時候，根本不知道自己在幹什麼，這時候需要好的朋友。還有八小時你睡在床上不知道幹什麼，這個時候你需要有一張好的床，床上有一個好的人。還有一個八小時你知道自己在幹什麼，那就是工作。假如你工作是不開心的，你做的事情是你不爽的，你可以換，千萬別做這份你討厭的工作。我覺得這些人是沒有意思的，娶了個老婆，天天罵老婆又不離婚，有什麼意思？對不對？

所以我想每個人要清楚，世界不公平，你如果想改變它，第一不可能，第二去從政，也不可能。只是人可以不一樣，出生的條件不一樣，但人是可以幸福的，幸福是自己去找的。

chapter 4

可以懷疑自己，不要懷疑信念

馬雲：「我是經常懷疑自己的，我懷疑自己但不懷疑信念。因為信念和自己有時候是不一樣的。我懷疑自己這個事做得對不對，而對我的信念、我的目標從來沒有懷疑過。阿里巴巴成立時說要讓天下沒有難做的生意，這是我們的信念。這個信念沒有錯，但是我做得對不對，有沒有違背它？我不斷懷疑自己，然後不斷地拷問自己。」

馬雲自上小學開始，就對數學頭疼不已，他的數學成績十分糟糕，嚴重拖累了他的總成績。在國中畢業升學考試那年，馬雲知道自己數學不好，肯定考不上好高中，就報考了一間二流高中，但依然落榜。

補習了一次後，他勉強讀了高中；但參加大學入學考試的時候，因為數學只考了一分，與大學無緣。落榜後，馬雲覺得自己根本不是讀書學習上大學的料，就準備去做個臨時工以補貼家用。他當過祕書，還做過很多零碎的雜活，後來透過父親的關係，為《山海經》、《東海》、《江南》等雜誌社送書。

十八歲的馬雲，踩著三輪車幫雜誌社把書送到火車站或者其他的發貨管道。每天賣苦力換取的報酬很微薄。如果馬雲一直這樣過日子，未來的會成為什麼樣的人呢？一個小販，還是一個車夫？

命運因為一次偶然的機會發生改變。一天馬雲來到浙江舞蹈家協會，為協會主席抄寫文件時，意外讀到了路遙的《人生》。這本書的出現，為當時迷茫的馬雲點亮了一盞明燈。小說的主人公高加林對理想的執著追求令馬雲為之震撼，主人公的精神令他折服，決心要為自己的理想放手一搏。

於是，馬雲開始認真準備第二次大學入學考試。

這一次，幸運之神依舊沒有關照馬雲，他的數學只考了十九分，第二次名落孫山。本就對馬雲考大學不抱希望的父母，也徹底死了心。可沒想到，馬雲並未因此灰心喪氣，他決定再參加一次。

家人都勸馬雲放棄這個念頭，安心找份工作糊口。那段日子，馬雲每天騎著一輛破自行車穿梭在杭州的大街小巷打發時間。當時一部從日本引進的電視劇《排球女將》非常轟動，劇中的主角小鹿純子憑著永不言敗的精神，激勵了整整一代人。

馬雲也十分喜歡小鹿純子，從小鹿純子身上，馬雲再次汲取力量，不顧家人反對，準備參加第三次大學入學考試。他在考數學的那天早上，一直背十個基本的數學公式。考試的時候，馬雲就把這十個公式一個一個往試題裡套。考完以後，馬雲自覺應該能及格，成績下來後，發現是七十九分（那時的數學滿分是一百二十分），及格了。

考出了有史以來的數學最高分，讓馬雲很滿意。最後，馬雲以低於提前錄取標準五分的成績，進入了杭州師範學院的專科。當時由於杭州師範學院的英語專科剛剛升格為大學制，招生人數不足，為了完成招生計畫，外語系的主管們推出了讓部分成績優秀的專科生轉進大學外語系的政策。馬雲就這樣誤打誤撞地進入了大學外語系，撿了一個小小的便宜。

一個人只有希望自己成為什麼樣的人，才有可能成為什麼樣的人。正如馬雲所言，這是信念。「什麼是信念？『信』是感恩、信仰、敬畏。很多東西你不知道，但是你敬畏它。我和我的團隊充滿著感恩。十年以前我說感恩的時候，像是喊口號一樣，現在我是真的覺得，我們怎麼會有那麼好的運氣？我真覺得冥冥之中有人在幫我們。很多人問我運氣從哪裡來，我只能說，如果你有感恩之心，運氣就會來；如果你有敬畏之心，鬼神就會避開，這是我的理解。」

chapter 5

活在當下，珍惜小確幸

馬雲：「沒有人是完美的，社會不可能完美，因為社會是由所有不完美的人組成的。你的職責就是比別人多勤奮一點、多努力一點、多一點理想，世界才會好起來。我就是這麼走過來的。之所以能走到今天，唯一的理由是我比同齡的人更加樂觀，更加會找樂子，更加懂得用左手溫暖右手，相信明天會更好。」

因為數學成績不佳，馬雲能進入大學，可以用「得之不易」四個字來形容。進入大學的馬雲，開始了一段「如魚得水」的逍遙日子，中學時自學打下的英語基礎，讓他不用費力學習也能輕鬆應付學業，從而有很多時間做其他的事情。馬雲將很大一部分精力用來參加各種學生社團。

大學三年級的時候，馬雲當選為杭州師範學院的學生會主席；不久，他又被選為杭州市學聯主席，可謂大學裡的風雲人物。在純淨的象牙塔中，馬雲安穩愜意地度過了四年大學時光。

一九八八年，馬雲不但順利從學校畢業，還被分配到杭州電子工學院（現為杭州電子科技大學）當老師。當年杭州師範學院五百名畢業生裡，馬雲是唯一去專科學校任教的。這讓他的同學們都羨慕不已，因為大家幾乎清一色地被分配到各自家鄉的中學去當老師。

馬雲在接到派遣證後，學院的院長親自找到他，語重心長地對他囑咐道：「馬雲，這個機會可是來之不易，我希望你要懂得珍惜。你扛著我們杭州師範學院的招牌，可不能給砸了，至少五年，這個招牌不能倒。」

當時中國正逢改革開放，很多腦袋靈活的人紛紛下海經商。馬雲也是十分機靈的人，院長是怕他隨波逐流，在改革的浪潮中迷失了自己。馬雲自然懂得院長的苦心，雖然身邊很多同學和朋友，出國的出國，經商的經商，但馬雲為了和院長的約定，老老實實待在學校教了五年的書。馬雲任教的大學是一所以理工科為主的院校，在商務貿易、外語等學科上師資缺乏，馬雲的到來，無疑是為這一塊的教學填補了空白。

擅長英語的馬雲，對國際貿易等方面也有深入的研究，因此就成了英語和國際貿易專業的講師。任教不久後，馬雲還去杭州的一些夜校兼職。這期間，他結識了一大批做外貿生意的老闆，不但豐富了外貿知識，還為日後的人脈拓展打下了基礎。

馬雲的課講得十分精彩，每逢他上課，教室內外都擠滿了學生，在馬雲的帶動下，一向不敢開口、英語很差的學生也能夠滿嘴英文。馬雲對此十分驕傲，他說：「我研究過李陽的瘋狂英語，要是我加入進來，風頭會蓋過他，我的祕笈是真能叫人脫口講外語。」

那段教書育人的日子，是馬雲厚積薄發的基礎。他不但累積了人脈，沉澱了心性，還結識了日後創業的好夥伴。

阿里巴巴最初跟著馬雲創業的十七個元老，有幾個就是他的學生和同事，諸如周寶寶、韓敏、周悅紅、戴珊、彭蕾等人。在杭州電子工學院的那幾年，奠定了阿里巴巴日後最核心、最忠誠的創業團隊。許多年後，馬雲大膽放言：天下沒人能挖走我的團隊！這種氣魄，便是源自於當年杭州西湖畔，惺惺相惜的朋友們給予他的力量和信心。

在大學教書期間，馬雲的商業才能就已經顯現出來了。那時人們的薪資普遍不高，大學老師一般都住在教師宿舍裡。而馬雲卻出乎所有人的意料，東拼西湊借錢，買下了一間離學校不遠的房子。

那間房子在當時看來，面積不小，價值不菲，可以算是一筆巨大的財富了。可是，過了幾年，在周圍的人都能夠住進這樣的房子時，馬雲又把那間房子賣了，在西湖區文華路買了一間接近六十坪的房子，也就是日後阿里巴巴的創業基地——湖畔花園。

不但買了房子，馬雲還和大學女友張瑛結了婚，建立了幸福家庭。在有人忙著賺錢奮鬥，為擁有更多金錢和更高地位忙碌時，馬雲緊緊抓住了身邊的幸福，他樂觀地前行，不放過手邊的每一點幸福。

用左手溫暖右手，這並不是一句空談。能夠懂得活在當下，享受幸福的人，必然能夠大步前行，擁有明天的美好。

Lesson

2 堅持下去——像堅持初戀一樣堅持理想

我覺得最重要的經驗就是千萬不要放棄，要勇往直前；而且要不斷地創新和突破，突破自己，直到找到一個方向為止。我覺得還有更重要的一點，我們今天面對將來的信心，是來自我們前五年的殘酷經驗。

今天很殘酷，明天更殘酷，後天會很美好，但絕大多數人都死在明天晚上，卻見不到後天的太陽，所以我們幹什麼都要堅持！

chapter 6

放棄就是最大的失敗

馬雲：「冬天寒冷的時候，我們提出的口號是：『堅持到底就是勝利。』只要我們活著，就有希望。」

將網際網路作為自己的事業目標，源於馬雲的一次美國之行。一九九五年年初的時候，杭州市政府正在修築杭州通往安徽阜陽的高速公路。這是政府招商吸引外資的一個項目，當時一家美國的投資公司參與了這個項目，雖然雙方很快達成了協議，杭州政府也開始動工，但工程進行了一年多之後，美國這家投資公司卻遲遲沒有按期付款。

杭州方面決定派人再去美國和這家公司溝通。為了能夠確保溝通順暢，讓對方儘早支付費用，有人提議，讓海博翻譯社的老闆馬雲出面，完成這次任務。當時的馬雲剛剛開始創業，雖然業務開展得並不順利，但名聲在外，很多政界、商界的人物都聽說過他。

就這樣，馬雲前往美國去做翻譯和協調的工作，他本以為這是一次簡單的工作之旅，沒想到卻差點成了「有去無回」的驚悚歷險。馬雲後來提起這件事：「簡直就是一部典型的好萊塢大片，特別是後來我到了美國被黑社會追殺，我的箱子現在還在好萊塢呢。」

到了洛杉磯之後，美國這家公司絕口不提合約的事情，而是派人帶馬雲四處吃喝玩樂。馬雲被安排住在一座富麗堂皇的別墅裡，美國公司派了專人負責照顧馬雲的起居飲食，但馬雲是肩負著杭州政府派給他的任務，所以對這些誘惑並沒表現出什麼興趣。

照顧馬雲的人看出馬雲心不在焉的樣子，又提議馬雲去嘗試刺激的玩意兒。徵得馬雲同意後，他們帶著馬雲到了拉斯維加斯賭場。裡面到處都是一擲千金的大亨和賭徒，馬雲不願賭博，但抱著「既來之，則安之」的心態，就玩了玩賭場裡的老虎機。

從賭場回來後，馬雲漸漸感覺有點不對勁——美國的公司無意與他談合約的事情。直到他一再追問之下，美國公司才向馬雲攤牌：他們要馬雲與他們合作，一起欺騙中國方面詐取錢財。

原來這是一家騙子公司。等馬雲恍然大悟的時候，為時已晚。身處異地的馬雲遭到軟禁，如果不答應合作，就會被幹掉。

僵持了幾天之後，馬雲假意答應合作，才換取了自由。為了能夠回國，馬雲就以要回國考察一些其他的項目為藉口。那時的中國，網際網路還是個陌生的名詞，但馬雲在美國這些日子，多多少少對這個高科技名詞有一些瞭解，所以，他對那個美國公司的老闆談起了要在中國發展網際網路行業，就這樣，馬雲被「放行」了。

在機場，馬雲沒錢買機票。正感到一籌莫展的時候，他看到了候機室裡的老虎機。他把身上僅存的幾個二十五美分都投了進去，終於在最後一次贏得了六百美元。抱著這六百美元，馬雲看到了回國的希望。

但就在他排隊買票的時候，心裡漸漸感到不是滋味。帶著杭州人民的希望來到美國，卻這樣狼狽地回去，實在太不甘心了。馬雲越想越火，他乾脆走出買票的隊伍，重新思考起下一步的計畫。

忽然之間，他腦海中閃現出他為了脫身而找的藉口。網際網路這個新奇的事物，馬雲知曉得甚少，但他在國內的時候，曾聽一個外籍教師同事提過自己的女婿在西雅圖和人合夥搞網際網路。既然來了，就不能輕易回去。

馬雲扛起行李，踏上了前往西雅圖的路程。雖然網際網路是一個陌生的概念，但馬雲憑著天生敏銳的嗅覺，知道這一定能為他帶來改變與轉機。

放棄就是最大的失敗。馬雲自己也說過：「我不知道如何定義成功，但我知道什麼是失敗，那就是——放棄。」

chapter 7

一次只抓一隻兔子

馬雲：「很多年輕人是晚上想千條路，早上起來走原路，而中國人的創業，不是因為你有出色的理想、夢想、想法，而是你是不是願意為此付出一切代價，全力以赴地去做它，一直到證明它是對的。」

人生有無限多個解。站在不同的角度去看，生命就有不同的意義，人們從中得到的感悟也不盡相同。所以說，人生即是選擇。你是選擇做一個自強自立的人，還是選擇做一個安分守己的人，或是選擇做一個依附別人的人，這些都是由你最初確立的目標決定的。

馬雲選擇將網際網路帶入中國，成為他下一個事業，這個目標確立後，他便不顧其他人的看法與意見，認認真真開展了網際網路的運營。他說：「剛開始做網際網路，能不能成功我也沒信心。只是覺得做一件事，無論失敗與成功，總要試一試，闖一闖，不行你還可以轉頭；但是你如果不做，總走老路子，就永遠不可能有新的發展。」

到了西雅圖之後，馬雲找到了那個外籍教師的女婿所在的公司，那家公司非常小，大概只有五個員工。在小小的辦公室裡，馬雲看到幾個年輕人在電腦前做著他完全不懂的事情，仿佛進入了另一個世界。

那個外籍教師的女婿叫作Sam。Sam很熱情地接待馬雲，他對馬雲簡單介紹了一下電腦的使用，還讓馬雲在搜尋欄裡輸入想搜尋的關鍵字，就可以出現他想看到的內容，馬雲嘗試著輸入了「beer」，結果真的出現了美國啤酒、日本啤酒和德國啤酒等內容，但唯獨沒有中國的。馬雲又嘗試著輸入了「Chinese」，結果螢幕上顯示出：「no data（沒有資料）」。

沒有搜索出中國的相關內容，讓馬雲開始想要在中國建立一個公司，專門做網際網路。他首先想到的就是將他在杭州經營的海博翻譯社放到網際網路上，讓更多的人知道。當他對Sam表達這個想法時，Sam不假思索地同意了。

按照馬雲描述的要求，Sam和他公司的幾位同事經過幾個小時的努力，做出了海博翻譯社的一個網頁。那個網頁在現在看來十分簡陋，上面只是簡單介紹了一下海博翻譯社的情況，寫了價格和聯絡電話，但在當時的馬雲看來，簡直是大開眼界。

這個網頁被掛到網路上之後，馬雲並沒有太在意，當時他還沒有完全意識到網際網路的魔力。網頁是上午九點半做好的，馬雲在網頁做好後，就在西雅圖四處閒逛，到他晚上回來的時候，等待他的是五封E-mail。

看著那些要和自己合作談生意的郵件，直覺告訴他，網際網路將會改變世界。馬雲隨即閃出一個念頭：他要回國創業，做一個網站，把國內企業資料搜集起來放到網路上，向全世界發佈，跟全世界做生意。

回國的當晚，馬雲就找來了二十四個朋友聊這件事，這二十四個人都是馬雲在夜校教書時的學生，他們都是做外貿出身，馬雲覺得他們能夠瞭解其中的商機，但沒想到，馬雲費了一番口舌之後，二十四個人之中只有一個人說可以試一試。

冷靜了一夜之後，馬雲還是決定做網際網路，去實現自己的夢想。馬雲當時做的網站，就是後來的「中國黃頁」。

誠如馬雲自己所說：「看見十隻兔子，你到底抓哪一隻？有些人一會兒抓這隻兔子，一會兒抓那隻兔子，最後可能一隻也抓不住。」在成功的路上，專注是非常重要的。

chapter 8

如果改變是正確的，就堅持下去

馬雲：「第一次創業的時候，你想做什麼，到底要做什麼？不要受外界影響，你自己確定你今天就是要做這個事情。」

「我想告訴大家，創業，建立企業，其實很簡單。一個強烈的欲望，就是說你想做什麼事情，你想改變什麼事情。你想清楚之後，要永遠堅持這一點。我一直認為人一輩子都在創業。以前深圳有一個口號叫作『二次創業』，我不太同意這個，同一批領導是沒有辦法二次創業的，因為從第一天創業開始，你就一直在創業。」

馬雲認為創業者既然選擇了創業這條道路，就必須一直堅持下去。孫正義正是看到馬雲在這方面的決心與毅力，才毅然投資他。在阿里巴巴發展的這些年裡，馬雲在一九九九年創建阿里巴巴時所確立的目標就一直沒有變過。

一個人樹立目標容易，堅持這個目標不變是很難的。馬雲恰是那迎難而上的少數人中的一個。馬雲很早就認為中國加入WTO是早晚的事情，中國的企業不應該只在國內發展業務，而更應該將目光投向國際，走向全世界。馬雲希望阿里巴巴能夠成為連接國內外企業的一個平台，幫助國內企業出口，幫助國外企業進入中國。

但中國企業那麼多，應該幫助哪些國內企業走出國門呢？馬雲認為中小企業和民營企業是應當幫助的對象。他一開始就是這樣想、這樣做，在網際網路打拼多年，融資了幾千萬美元後，這個目標依然沒有動搖。可以說，阿里巴巴能走到今天這樣的地步，與馬雲「打不死就堅持下去」的精神息息相關。

孫正義欣賞馬雲這樣的態度。很多商人善於投機，鑽漏洞，這種看起來聰明的做法，其實背後危機四伏。而馬雲看似傻傻地堅守，背後所蘊藏的卻是極大的能量，積聚起來，一旦厚積薄發，不可估量。所以，在二〇〇四年，孫正義再次投資阿里巴巴，而在這一年，馬雲也完成了網際網路史上非常巨大的一次融資——八千二百萬美元。

這筆巨大資金的投資方包括軟體銀行、富達創業投資部、GGV（Granite Global Ventures）、TDF風險投資有限公司。這次融資是由軟體銀行牽線，孫正義當時表示對這一次的追加投資十分高興。他說：「這一次的投資與軟體銀行一貫堅持的尋找能佔領市場領先地位的企業投資策略是一樣的。」看得出來，孫正義對馬雲和阿里巴巴的前景是十分看好的。

這次八千二百萬美元的投資，馬雲認為這是符合公司長久持續迅猛發展的要求。而他依然堅持最初設定的目標，為中小企業服務，他還預言，中國電子商務的產業格局將在未來幾年發生巨變——「網路商店」將成為焦點。

「網際網路將由『線民』和『網友』時代進入『網路商家』時代。阿里巴巴有一個使命，那就是要把網際網路帶入網路商家時代。」馬雲此話一出，自然又是激起千層浪，但不論外界輿論如何喧囂，馬雲只是做好自己要做並一直堅持在做的事情。

付出終將有所回報，阿里巴巴完成了從「燒錢」到「賺錢」的蛻變，馬雲的堅持終於迎來了曙光，他所創建的電子商務模式是正確的。一時之間，各種仿效、抄襲阿里巴巴的網站在網路上紛紛出現，但阿里巴巴卻保持著「一直被模仿，從未被超越」的紀錄。

之後，馬雲的日子好過起來，他從默默無聞走到了鎂光燈下。可是，在他榮耀的當下，誰能想到他之前幾年是如何堅持和打拼過來的？其間的酸甜苦辣，也只有馬雲和一直堅守在他身邊的創業團隊能夠體會。馬雲坦言：「有人覺得我厲害，六分鐘說服了孫正義，其實是他說服了我。見孫正義之前，我在矽谷至少被拒絕了四十次。」

馬雲一直強調的「專心做一件事」，確定了目標，就不管十年還是二十年，一直堅定地去實現。如何能夠堅持「專心做一件事」呢？馬雲在中央電視台經濟頻道舉辦的二〇〇五中國經濟年度人物評選創新論壇上發表的一番演說，可以讓我們從中瞭解一二。

「二〇〇五年以後阿里巴巴什麼樣子我不知道，但是在未來的三至五年，我們仍然會圍繞電子商務發展我們的公司，我覺得我們絕對不能離開這個中心。十年的創業經驗告訴我，我們永遠不能追求時尚，不能因為什麼東西起來了就跟著起來。」

「我覺得我們不要起個大早趕個晚集，我不會因為Google和百度的股票上漲，就也想做什麼。就像四、五年前我不相信簡訊會改變網際網路，也不相信遊戲會改變生活，我不希望我的兒子玩遊戲，我也不想別人的兒子玩遊戲。我堅信電子商務會影響中國經濟，中國正因為缺乏誠信體系，缺乏網路基礎的建設，所以它會有一個跳躍式的發展。」

「那時候，很多人說阿里巴巴如果能成功，無疑就是把一艘萬噸輪船抬到喜馬拉雅山上面。我跟我的同事說我們的任務是把這艘萬噸輪船從山頂抬到山腳下。別人怎麼說，是沒辦法的事。你自己要明白，你要去哪裡。」

毫無疑問，如果沒有堅持，即便看起來已經獲得的成功也會消失。阿里巴巴發展壯大後，馬雲常告誡員工，不要被外界的讚美沖昏頭：「因為我們要持續一百零二年。有一天如果你上了什麼封面，你就把自己當作上了一個娛樂雜誌一樣。不要認為那是成功，成功是很短暫的，背後所付出的代價是很大很大的。」

Lesson

3 找到機會——看不清的機會，才是真正的機會

如果一個方案有90%的人說「好」，我一定要把它扔到垃圾桶去！因為這麼多人說好的方案，必然有很多人在做了，機會肯定不會是我們的了。霉運當頭時，要跳出來看，放棄不等於用頭撞牆，搞不過就繞一下。學會放棄，才有可能成功。

chapter 9

有時候死撐下去總是有機會的

馬雲：「你現在在跑馬拉松，路邊有很多牛奶、汽水。你是邊喝邊跑，喝飽再跑，還是喝一口，只要能跑就跑下去？」

二〇〇五年六月，馬雲參加中央電視台經濟頻道《對話》節目，在節目現場，他與主持人暢談了阿里巴巴的發展歷程。

主持人：「我們再和馬雲先生一塊來回顧一下更久遠的歷史。有些話不知道你還記不記得，我們再來看一句馬雲先生說過的話。這句話已很久了，那是網際網路處於冬天的時代，馬雲先生說『網際網路的冬天再延長一年』。當很多人都唯恐避之不及的時候，都希望網際網路的冬天越短越好的時候，你為什麼會說出這樣的一句話？」

馬雲：「第一，我想我們運氣比較好，我們先比別人判斷出了冬天會到來。所以在形勢最好的時候進行了改革，千萬不能弄到形勢不好的時候改革。下雨天你再修屋頂，麻煩一定更大，所以陽光燦爛的時候你要去借雨傘、修屋頂。我記得我們比別人先動了一下，果然到後來網際網路冬天到了，所有投資者開始收的時候，我們突然發現自己還有兩千多萬美元。在這個時候，你會發現，你去跟你的競爭者拼鬥，誰能專注，誰能活著，誰就能贏。不管有多累多苦，哪怕就是半跪在地上，你也得站在那兒，哪怕整個網際網路公司都死光了，就只剩下我們。所以二〇〇二年我在整個公司員工大會上說，今年的主題詞就是『活著』，所有人都得活著。如果我們活著，還有人站在那邊的時候，我們就得堅持下去，冬天長一點，他會倒下去的。」

主持人：「但這樣活著，是以一種什麼樣的方式活著？我們來看看旁邊的這個板子。這句話也是你的名言。剛才也提到了一些，『如果是所有的公司都死去，只要我們還跪著，其實那就是一種活法』。可是這樣的活法跟風清揚那樣的大俠風範不太像。如果是大俠的話，常常是寧可站著死，絕不跪著生。為什麼在這樣的時刻，你還希望網際網路的冬天能夠長一點，然後以這樣的方式來過冬？」

馬雲：「其實我說的跪是指你站不住了，就跪在那裡，不要躺下，不要倒，是這個意思。但是所謂冬天長一點，春天才會美好，細菌都死光了，邊上的聲音都會靜下來，這時候我還站著，我就會成為所有投資者最喜歡的人，也會成為整個網際網路界最喜歡的人。所以我們那時候是自己給自己安慰。我們在二〇〇二年的關鍵字是——堅持到底就是勝利。」

馬雲之所以能成功，是因為他相信，撐過去就有機會。

二〇〇八年時，他宣布阿里巴巴要度過一個艱難的年份：「大家可能覺得二〇〇八年是一個好年，是中國奧運年。但根據我們對整個世界經濟和中國經濟的判斷，阿里巴巴在二〇〇八年是老鼠年，我們的戰略是『深挖洞、廣積糧、不稱霸』；我們二〇〇八年將做強、做深、不做大；我們不會往橫向擴展。二〇〇八年是夯實的一年，要把業務做扎實，把客戶服務做扎實，阿里巴巴發展史上逢單出擊、逢雙練功。二〇〇八年我們不應該把自己弄得非常響，我們要低調行事。二〇〇八年要準備好過冬。由於美國次貸危機以及整個世界、中國的問題，網際網路可能面臨另外一個冬天的到來。二〇〇七年初B2B本來不準備上市，但是年中加速上市，因為我們預感到冬天要到來。從戰略儲備上來講，我們已經準備好了過冬的物資，但是我希望所有的員工要進行過冬的心態、毅力和能力的培養。我不是危言聳聽，這次冬天會很長久。但是冬天後活下來的人就有機會贏。阿里巴巴要變成last man standing，這是我們的意志和毅力。」

chapter 10

懶出風格與境界，就有機會

馬雲：「世界上很多非常聰明並且受過高等教育的人無法成功，就是因為他們從小就接受了錯誤的教育，他們養成了勤勞的惡習。很多人都記得愛迪生的那句話吧：『天才就是九九%的努力加上一%的靈感。』但這句話是不正確的，他們被這句話誤了一生。勤勤懇懇地奮鬥，最終卻碌碌無為。」

夢想不是今天說一說，明天就拋到腦後的空話。很多年輕人總是說自己有很偉大的夢想，可一到實踐的時候，就縮頭縮腦，不敢實行。馬雲是一個理想主義者，他不會為了現實安穩的生活，就停下追逐夢想的腳步。

在擔任大學老師的那幾年裡，馬雲憑藉出色的工作能力，在一九九五年的時候，被評為杭州十大傑出青年教師之一。如果馬雲繼續按照這樣的道路走下去，他一定會在專科學校的天地大有作為。但就在馬雲的事業穩步上升的關鍵時期，他卻向校長提出了辭呈，出去創業，成立一個翻譯社。其實這個想法，馬雲早就有了，不過因為畢業時與大學的院長有著要任教五年的約定，所以馬雲才沒有付諸行動。

當時的社會很缺乏英語人才，很多老闆找馬雲做他們的翻譯，他一個人根本應付不過來。就想到了一些退休在家的老教師，他將這些老教師組織起來，做起了翻譯工作。

從學校辭職後，馬雲專心經營起了翻譯社——海博翻譯社，這是杭州第一家專業的翻譯社，馬雲可以說是這個領域的第一人。雖然翻譯社成立了，但經營起來困難重重，開張的第一個月，翻譯社的收入是七百元，而房租是兩千多元，入不敷出的狀況令翻譯社的員工心生動搖。

但馬雲毫不畏懼，他一個人背著大麻袋跑到義烏去進了很多貨回來，用這些小買賣的收入維持翻譯社的運營。除此之外，馬雲還做過醫藥和醫療器械的銷售，四處推銷產品。後來馬雲的努力沒有白費，海博翻譯社從最初的入不敷出，慢慢發展到大幅獲利。

眼看著翻譯社步入了正軌，馬雲就放手將翻譯社給其他工作人員打理。海博翻譯社一直延續至今，如馬雲當年所願，已經成為杭州最大的翻譯機構。「我當時認為一定會有需求，應該能成功。」多年之後，馬雲輕描淡寫地將當年這段創業經歷作了總結。

每個人都渴望成功，大部分人都堅信勤能補拙，堅信辛勤的汗水能夠澆灌出成功的花朵。但馬雲並不這樣認為。他說：「世界上很多非常聰明並且受過高等教育的人無法成功，就是因為他們從小就接受了錯誤的教育，他們養成了勤勞的惡習。很多人都記得愛迪生的那句話吧：『天才就是九九％的努力加上一％的靈感。』但這句話是不正確的，他們被這句話誤了一生。勤勤懇懇地奮鬥，最終卻碌碌無為。」

成功不是你做了多少，而是你做了什麼。對於海博翻譯社的起起伏伏，馬雲曾這樣歸結道：「經營翻譯社的過程讓我明白成功者至少需要具備兩種品質：一是大膽執著的性格；二是對市場敏銳的嗅覺。」

如果馬雲僅僅是憑著一腔熱情，盲目前行，海博翻譯社也不會發展到如今的規模。做事既要有執著於目標的勇氣，又要懂得靈活變通。馬雲在雅虎的演講中說的這段話，可能會讓人有所啟迪。

世界上最富有的人——比爾．蓋茲，是個程式設計師，懶得讀書，他就退學了。他又懶得記那些複雜的DOS命令，於是，他就編了個圖形的介面程式，叫什麼來著？我忘了，懶得記這些東西。於是，全世界的電腦都長著相同的臉，而他也成了世界首富。

世界上最值錢的品牌可口可樂，它的老闆更懶，儘管中國的茶文化歷史悠久，巴西的咖啡香味濃郁，但他實在太懶了，弄點糖精加上涼水，裝瓶就賣。於是全世界有人的地方，大家都在喝那種像血一樣的液體。

世界上最好的足球運動員——羅納度，他在場上連動都懶得動，就在對方的門前站著，等球砸到他的時候，踢一腳，就成了全世界身價最高的運動員了。有人說，他帶球的速度驚人，那是廢話，別人一場跑九十分鐘，他就跑十五秒，當然比較快。

世界上最厲害的餐飲企業——麥當勞，它的老闆也是懶得出奇，懶得學習法國大餐的精美，懶得掌握中餐的複雜技巧，弄兩片破麵包夾塊牛肉就賣，結果全世界都能看到那個M的標誌。必勝客的老闆，懶得把餡餅的餡裝進去，直接撒在麵餅上就賣，結果大家管那叫披薩，比十個餡餅還貴。

還有更聰明的懶人——懶得爬樓，於是他們發明了電梯；懶得走路，於是他們製造出汽車、火車和飛機；懶得一個一個地殺人，於是他們發明了原子彈；懶得每次慢慢計算，於是他們發明了數學公式。

回到我們的工作中，看看你公司裡每天最早來最晚走，一天像發條一樣忙個不停的人，他是不是薪資最低的？那個每天遊手好閒，沒事就發呆的傢伙，是不是薪資最高的？據說他還有不少公司的股票呢！

我以上所舉的例子，只是想說明一件事情，這個世界實際上是靠懶人來支撐的。世界如此精彩，都是拜懶人所賜。現在你應該知道你不成功的主要原因了吧！

懶不是傻懶，如果你想少做事，就要想出懶方法。要懶出風格，懶出境界。像我從小就懶，連長肉都懶得長，這就是境界。

chapter 11

出手的時機很重要

馬雲：「適時出擊很重要。我練過太極拳，太極拳要求專注，別看它繞來繞去，其實瞄準的目標都只是一個點，而且要選擇時機出擊。所以在金庸小說裡，我特別欣賞黃藥師出場的描寫。所有人都不怎麼在意這個老頭，沒有防他，而黃藥師卻突然一招將我認為最能打的人扔到河裡。所以選擇什麼時候出手很重要。」

機會的選擇是很重要的，有的人因為抓住了機會，從而柳暗花明；有的人因為放任機會溜走，從而陷入困境。機不可失，時不再來，人生中很多機會只有一次，抓住了就能令人生大放異彩，抓不住人生只能黯然失色。

二〇〇五年八月十一日，楊致遠給雅虎的中國全體員工發了一封電子郵件：「今天上午，我們宣布與阿里巴巴結成戰略合作夥伴……這是雅虎激動人心的一刻，我希望你們能夠看到前方巨大的機會，成為這個成功團隊中的一員。」

至此，盛傳已久的雅虎與阿里巴巴併購終於得到了證實，阿里巴巴和雅虎在北京宣布簽署合作協定，阿里巴巴收購了雅虎中國全部資產，同時得到了雅虎十億美元的投資，阿里巴巴還獲得雅虎品牌在中國的無限期使用權。

在發佈會上，馬雲幽默地來了一個開場白：「阿里巴巴和雅虎談了七年的『戀愛』後，於十一日中國的『情人節』這一天結婚了。」阿里巴巴收購雅虎中國不是突然決定的事情，運作了很久。

作為美國數一數二的網際網路產業龍頭，雅虎進入中國後卻一直水土不服，表現得不怎麼理想。從一九九九年到二〇〇五年這七年間，雅虎嘗試了很多辦法，但都沒有什麼太大的起色。最後，楊致遠為了雅虎的發展，決定將資產轉移給阿里巴巴，保留雅虎品牌的同時，放手讓阿里巴巴全面掌握經營。

楊致遠和馬雲的這個舉動，當時讓很多人充滿疑惑。馬雲稱是阿里巴巴收購了雅虎，但雅虎卻投資阿里巴巴十億美元。雅虎獲得了阿里巴巴四〇%的持股和三五%的投票議決權。大家都在質疑這到底是誰併購了誰。

作為這次收購的核心人物，馬雲沒有逃避，在新聞發佈會上，他宣布：「雅虎成為阿里巴巴重要的戰略投資者之一，從股份上看，雅虎占一席、軟銀一席、阿里巴巴二席，所以這個公司還在阿里巴巴的領導下，我繼續擔任ＣＥＯ。」

關於阿里巴巴和雅虎到底是誰收購了誰，那些虛虛實實的消息並不重要，重要的是馬雲這一次出手，將阿里巴巴推上了網際網路產業老大的位置。雅虎十億美元的投資，令阿里巴巴的市值達到了二十八億美元，快要接近上市後被放大的百度市值。

而且與雅虎合併後，阿里巴巴在中國的網際網路業，已是無人能敵，阿里巴巴擁有如此全面和強勢的網際網路業務，幾乎成了所有網際網路公司的敵手。不僅如此，馬雲又在當年十月份宣布將對淘寶網追加十億元人民幣的投資，再免費三年，打算用免費的行銷策略來贏得更多用戶。

透過這一次的聯合，阿里巴巴在馬雲的帶領下，意氣風發地向網際網路巔峰前行，勢不可當。馬雲對此表示：「這是個非常難得的機會，不抓住會終身遺憾，何況我已經等了七年！」

機會只有一次，稍縱即逝。因此，馬雲在最恰當的時候，抓住了機會出手，為阿里巴巴帶來了巨大的利益。

chapter 12

從每個人身上找到各種機會

馬雲：「我覺得影響我的人挺多的，在不同階段有不同的人影響我。金庸肯定影響過我，《阿甘正傳》裡面簡單的阿甘也影響過我，還有父母、老師，再來就是前幾天李嘉誠的那句話讓我心裡很有共鳴。這個世界上，沒有一個人能真正改變你，重要的是，你能從每個人身上找到各種機會，不斷學習，從而反過來影響別人。」

馬雲善於總結教訓，他曾說：「在阿里巴巴成立最初，我曾很自豪地認為我們是梁山泊的一百零八條好漢，現在我們要做的就是把梁山好漢變成斯巴達方陣，把游擊隊變成正規軍。實踐證明，陣法比招式更重要。網際網路要賺錢，還要三年，我做到四十歲就要退休，然後回到學校裡去教書，講的內容就是關於『阿里巴巴的一千零一個錯誤』。」

在網際網路低迷的那段日子，馬雲為了尋找網際網路振興的出路，召開了「西湖論劍」大會，號召網際網路人士共同應對。第一屆西湖論劍大會成功舉辦後，每年都會在西湖邊舉辦這樣一場大會。

二〇〇一年十月二十一日，第二屆西湖論劍再次拉開序幕。這一次與會的有老成員，也有新成員，大家探討的是網際網路企業應當何去何從。馬雲在這一屆的西湖論劍會議上發表了自己的看法，認為網際網路最大的特徵就是變化，但對於這幾年來說，還是應該守為好，守是最好的變化。

這之後每一年的西湖論劍大會，都會有關於網際網路該如何發展等新的議題。參加大會的人越來越多，馬雲在與他們的交流中，每次都能吸收很多對自己有利的資訊。他認為這就像武俠世界中高手們切磋武功一樣，透過交流切磋，彼此增進功力，加強對自身不足的認識。

二〇〇三年，馬雲投資一億元創辦淘寶網，B2B的老大要做C2C的老大。這個消息一傳出，猶如在網際網路世界投下了一顆原子彈，人們都為馬雲的這一行動感到震驚，但馬雲卻堅持要這樣做。

透過這些年的探索和與同行業的交流，馬雲更加認為當初自己想的是正確的，阿里巴巴是為商人服務的公司，淘寶網的誕生，更是為個人交易提供了良好的平台。淘寶網的成立明確地告訴人們，在這個平台上，每個人都可以實現自己的商人夢想。馬雲就是要佔有網際網路用戶中最有發展潛力的優勢。

二〇〇四年的西湖論劍會議，主題定為「天下」，對網際網路的發展這一熱門話題進行了探討。從第一屆會議召開的小心翼翼，到而今的規模盛大，馬雲開頭的西湖論劍已經成了網際網路行業不可缺少的一個交流大會。

機會面前人人平等，那就要看誰能把握住成功。馬雲從不認為自己是幸運的，他將自己的成功歸結為：「每次成功都可能導致你的失敗，每次失敗好好接受教訓，也許就會走向成功。」

馬雲在談到自己從事的電子商務事業最初不被人看好和重視時，他說道：「有時候不被人看好是一種福氣，正是因為沒人看好，大家都沒有殺進來，不然好的東西就不可能輪到我了。」

在現實生活中，我們很多人在面臨危機時會束手無策，完全陷於被動之中，其實，危機完全可以轉化為一種挑戰，並能取得意想不到的結果。抓住了機會，成功就是這麼簡單。

Lesson

4 創新視野——讓別人跟著鯨魚跑吧！

中國沒有多少鯨魚，即便為數不多的那幾條鯨魚，還有些是不健康的，貿易流程缺少標準，資訊化程度低。

chapter 13

倒立看世界

馬雲：「如果你倒過來看世界，它會變得不一樣。我們不在乎別人怎麼看待我們，我們在乎的是怎麼看待這個世界。」

倒立是阿里巴巴員工的「必修課」。在二〇〇五年，《富比世》雜誌上刊登了阿里巴巴員工貼牆倒立的照片，稱這是阿里巴巴公司員工的「招牌動作」。的確，阿里巴巴的員工都必須在進入公司三個月內學會倒立。男性要保持倒立姿勢三十秒才算過關，女性保持十秒就可以過關了。如果無法做到這一點，那就算其他方面再怎麼優秀，最後也只能捲舖蓋走人，離開公司。

馬雲自己也是倒立高手，他可以單手支撐身體，倒立幾分鐘都面不改色。為什麼要讓員工練習倒立呢？馬雲對此有自己的認識：第一、倒立可以鍛鍊身體，不用器械輔助，隨時隨地就可以進行，十分方便；第二、透過練習倒立，促使員工對問題進行換位思考，用另一種角度來觀看，可以培養創新思維。

選擇投資一億元辦淘寶網的時候，馬雲遭受到很多人的質疑，當時中國的網際網路產業還處於冬天，且提供類似網路市場服務的易趣已經佔領了中國八〇%以上的市場，國外的eBay在二〇〇二年花了三千萬美元，收購了易趣三分之一的股份，並在二〇〇三年以一．五億美元的價格收購了易趣剩下的股份，為的就是能夠加強對中國市場的投入，在中國市場占據領先地位。

這樣的強大對手已經矗立在那裡，當時很多人都已經放棄了電子商務這一塊的業務，就是覺得沒什麼競爭力，馬雲偏偏要選擇與其競爭。所以，他的做法在當時被形容為「瘋狂」、「豪賭」。

馬雲注意到eBay雖然做得很大，但很多地方並不完善，有很多弱點，針對這些弱點，馬雲覺得這一仗自己還是有勝算的。馬雲那時候常說：「eBay可能是海裡的鯊魚，可我是揚子江裡的鱷魚，如果我們在海裡交戰，我會輸；可如果我們在江裡交戰，我穩贏。」馬雲就是要走和eBay不同的路線，當地語系化的行銷是淘寶網制勝的法寶。與eBay堅持收費不同，淘寶網並不著急去收錢、收回成本，而是先以培育市場為主要目的，把客戶的滿意度放在首要位置。

一開始的時候，eBay執行長惠特曼（Meg Whitman）毫不掩飾自己對淘寶網的不屑，她預言淘寶網最多撐十八個月就要倒閉。但十八個月後，淘寶網不但沒倒閉，發展形勢還越來越猛。eBay易趣的營運總監鄭錫貴意識到了危機：「我們在中國要打的是一場『持久戰』，做的是一百年的計畫。」

馬雲不按常理出牌，再一次取得了勝利，淘寶網發展至今，已經是無人不知、無人不曉的線上購物平台。在二〇一二年十一月十一日，淘寶「光棍節」的銷售額達到了一百九十一億元。這些成績都是當初人們想不到的，如果馬雲一直按常規思維經營企業，那也就不會有淘寶網了。

「一直有人說阿里巴巴的這個模式這樣不好那樣不好，所以創新得頂得住壓力，擋得住誘惑。我們最早被人說是瘋子，到今天被說成狂人。不管別人怎麼說，我們不在乎別人怎麼看待我們，我們在乎的是怎麼看待這個世界，如何按照我們既定夢想一步一步往前走，這是經營企業或做任何事一定要走的路。」馬雲總結，不要被常規思維給束縛住，要掙脫世俗，活出自我。

chapter 14

鯨魚與小蝦米

馬雲：「讓別人跟著鯨魚跑吧。我們只要抓些小蝦米。我們很快就會聚集五十萬個進出口商，我怎麼可能從他們身上分文不得呢？」

馬雲預測，網路的普及將是大公司模式的終結。他認為，在工業時代，一家公司要向全世界擴張，必須擁有雄厚的資本，並借助開設海外分公司、辦事處等方式；但在網路時代，一家公司要進入他國市場，並不需要太多資金，網路使中小企業可以獲得原先只有國際公司才能獲得的商機。

一九九二年，馬雲到新加坡參加亞洲電子商務大會時，立志要做適合中國乃至亞洲的電子商務模式。後來這個想法逐漸成熟，馬雲要做的，就是針對中小企業的電子商務模式。

在世界商業舞台上，中小企業一直屬於弱勢群體，而這種情況在以出口導向經濟為主的亞洲尤為明顯。亞洲是全球最大的出口基地，中小型供應商十分密集，然而，如此眾多的中小企業，自身卻無力投入資金進行市場推廣。馬雲正是瞄準了這一塊得天獨厚的優勢資源。

因此，阿里巴巴剛創建，馬雲就給自己定下了明確的發展方向——不做那一五％大企業的生意，只做八五％中小企業的生意。對於自己這種不按常規出牌的創業模式，馬雲說：「如果把企業也分成富人窮人，那麼網際網路就是窮人的世界。因為大企業有自己專門的資訊管道，有巨額廣告費，小企業什麼都沒有，他們才是最需要網際網路的人。而我就是要領導窮人起來『鬧革命』。」

同時，馬雲還把大企業比作鯨魚，把小企業稱為蝦米。阿里巴巴就是要為那些「蝦米」服務。對於為何這樣定位阿里巴巴的服務方向，馬雲解釋說：「國外的B2B都是以大企業為主，我以中小企業為主。鯨魚有油水，資金、人力、技術都很充足。像Commerce One、Ariba這樣的歐美公司來到中國，他們的目標是找鯨魚。可是中國沒有多少鯨魚，即便為數不多的那幾條鯨魚，還有些是不健康的，貿易流程缺少標準，資訊化程度低。」

馬雲獨創了以服務中小企業為主的模式，他不願去模仿大公司，他認為那樣的做法是不成熟的。很多創業者會在創業初期不自覺地按照大公司的做法來規劃自己的公司。雖然大公司的一些做法是經過淬煉而來的、是有益的，但大公司為了求穩當，一般變化都比較慢，且有資本為「慢」付出代價，小公司卻承受不起。所以，馬雲認為中小企業應當有自己獨有的模式，而不是跟在大公司後面模仿。

「所謂電子商務，商務是本，電子充其量只是一種手段。」馬雲對於自己要做的事一直保持著清醒的頭腦，他說：「既然是以商業服務為主，一定要貼近中國市場和中國文化特色需求。」

很快，這個為中小企業搭建起的業務平台就一傳十，十傳百，在中小企業之間迅速傳開了，其獨特的經營模式也吸引了眾多投資者的目光。瑞典投資機構 Investment AB 亞洲代表蔡崇信原本是和馬雲洽談投資事宜，然而卻被阿里巴巴的前景所吸引，毅然辭職隨馬雲一起創業。當美國華爾街風險投資機構得知阿里巴巴這一網站後，高盛集團便決定投資五百萬美元。成功投資雅虎網站的軟銀董事長孫正義，僅與馬雲談了六分鐘，便決定投資兩千萬美元。

正因為馬雲看到了中小企業頑強的生命力和巨大的發展潛力，才讓他從一開始便選擇了正確的方向和成功的模式。馬雲的「夢想」在這些鉅資的幫助下，才能迅速地發展起來。

chapter 15

搶在變化之前先改變

馬雲：「網際網路是一個危機四伏、高速發展的領域。誰能想像，兩年以前，美國雅虎多麼厲害，但今天大家發現微軟要併購它；三年以前，誰可以想像MySpace、Facebook、YouTube；五年以前，誰能夠想到Google有那麼厲害！所以說整個網際網路變化速度非常之快，我們必須看清楚自己面對的是什麼，才有可能生存、成長和發展。」

網際網路行業瞬息萬變，是個變幻莫測的領域，也許今天你還能在業界叱吒一方，可能到了明天就會被淘汰。當舊的B2C模式遇到瓶頸、難以發展時，馬雲開始思考，如何顛覆傳統，創新未來。

傳統的B2C模式需要投入鉅資建立倉儲、配送中心，中間的成本耗資巨大，可獲取的利潤十分微薄，僅在五％左右。馬雲談到B2C時，說道：「即使美國有那麼好的配送和物流基礎，但是亞馬遜只有五％的利潤。在中國，B2C的市場已經很成熟了，但是你看卓越、噹噹還是活得很辛苦，說明這個模式有問題。」

馬雲認為應該有一種更新的模式，更適合中國國情的電子商務模式。二〇〇四年九月，阿里巴巴成立五週年時，馬雲宣布了阿里巴巴的一次人事調整，公司戰略從「meet at alibaba」，全面跨越到「work at alibaba」。馬雲解釋為：「『meet』就是把客戶聚在一起，就像建水庫，如果養魚，沒什麼意思；如果發展觀光，還要花費水電。所以，meet的錢都是小錢。『work』則意味著水庫要鋪管道，水送到家裡要變成自來水，自來水廠賺的錢一定比水庫多。」

馬雲預言，未來的電子商務對每一個中小企業都能像自來水一樣方便。他說：「各種電子商務形態在未來都將融合，在一個大平台上運行。連通B2B與C2C平台之後，一種全新的B2C模式將會產生。」

按照馬雲的設想，阿里巴巴嘗試將阿里巴巴的買家和賣家引到淘寶網，鼓勵淘寶網的賣家去阿里巴巴進貨，並且把商品批發給消費者，打通了B2B和C2C的界線。這種改革模式讓電子商務模式直接介入了企業流程，把電子商務的工具真正還給了廠商，幫助他們在各個環節上賺錢。這不但是完全融合了B和C的B2C模式，也形塑了之後整個電子商務的走向。

馬雲說：「我們認為去年、今年和明年是電子商務的一個積累期，到了二〇〇八年、二〇〇九年必然有一個爆發。因此我們必須搶在這個變化前先變，而不是等到出了問題再去想辦法解決。這是阿里巴巴保持變革能力的關鍵。」

馬雲為了讓阿里巴巴始終處於變化的前端，更向多個熱門領域突破。二〇〇四年九月，馬雲與英特爾合作，開始建設中國第一個手機電子商務平台。之後又為了抓住行動電子商務的商機，開始與微軟合作，商討在微軟的MSN即時資訊軟體中結合線上拍賣功能的相關合作事宜。

「資訊時代，對新市場的發現遠比掌握一種新技術更重要。技術永遠不能主宰人，而是人來操縱技術。」馬雲說，這也是他選擇做新模式電子商務的原因。然而，他並不會因為眼前小小的領先就滿足。「一切要到二〇〇九年才能下結論！今天阿里巴巴賺的錢都只是零花錢，阿里巴巴真正賺錢要在五年之後，我們現在所做的一切，都是為了那一天。老實說，我現在也不知道那一天阿里巴巴會是什麼樣子。但有一點很明確，誰能在這個世界中形成一個遊戲規則，誰就會很可怕。我正在往那個方向努力，因為阿里巴巴不做，別人肯定會做。」

chapter 16

三流的點子，加上一流的執行力

馬雲：「哪個公司計畫書做得越厚、越好、越完美，它死得越快。」

馬雲與日本軟銀集團總裁孫正義曾探討過一個問題：一流的點子加上三流的執行水準，與三流的點子加上一流的執行水準，哪一個比較好？結果兩人得出一致的答案——三流的點子，加上一流的執行水準。

馬雲對阿里巴巴員工的執行力要求很嚴格，在阿里巴巴剛成立的時候，他就反覆要求員工必須有很強的執行力。他的理由是：「工業時代的發展是人工的，而網路經濟時代一切都是資訊化的，難以預測。所以，阿里巴巴不是計畫出來的，而是『現在、立刻、馬上』做出來的。」

在阿里巴巴創業初期，「現在、立刻、馬上」一度是馬雲的口頭禪。馬雲明白高效的執行力才能保障一個企業的成功，他在不同的場合反覆強調：「有時去執行一個錯誤的決定，總比優柔寡斷或者沒有決定要好得多，因為在執行過程中，你可以有更多的時間和機會去發現並改正錯誤。」

在阿里巴巴成立之初，馬雲堅持的電子商務模式遭到了團隊的反對，但在馬雲的堅持下，阿里巴巴的發展方向最終確定下來，並獲得了有效的執行。事後，馬雲說：「我很少固執己見，一千件事裡難得有一件。但是有些事，我拍了自己的腦袋，凡是自己覺得有道理的，我一定要堅持到底。」正是因為馬雲如此重視執行力，才使得阿里巴巴在網際網路泡沫時期不僅堅持了下來，而且實現了盈利。

二〇〇五年，馬雲接受採訪時，有記者問他：「為什麼你能有今天，而同樣聰明的中國電子商務先驅王峻濤卻還在為創業而努力？」

馬雲說：「我在前面說、演講、宣傳、造勢、而我背後，有一幫人在實幹，苦哈哈地賣力；而王峻濤身後沒有『十八羅漢』。我說了，有人做；他說了就是說了，只是說了而已。」

企業發展孰優孰劣，堅強的執行力是首要條件。馬雲認為，企業要加快發展，要走在同行的前面，除了要有好的決策班底、好的發展戰略、好的管理體制外，最重要的一點，就是要有一個執行力很強的團隊。

如果一個團隊中個個都是精英，但執行力不彰，那再好的創意、再好的機會，也不能讓這家公司發展壯大起來。而如果一個團隊中，即使人人能力一般，但他們的執行力都很強，那就能形成很大的力量。

馬雲每年都會為阿里巴巴定下一個很高的目標，人們最初都不相信這些目標能夠達成。但就是憑著阿里巴巴員工一流的執行力，那些看似不可能完成的任務，最終都漂亮地完成了。

有一件小事足以證明阿里巴巴團隊執行力之強。二〇〇六年，阿里巴巴服務機房整體往市區大遷移，在一般人的思維模式中，搬家的過程中難免會遇到東西丟失或損壞的情況。但是在這次搬遷過程中，由於工作人員的高效合作，完全沒有發生任何故障。正因為具備了這樣的執行力，也讓這個在網際網路產業平均資歷並不是很長的團隊，逐步走到了網際網路的浪頭上。

Lesson

5 創業之路——光腳的永遠不怕穿鞋的

作為一個創業者，首先要給自己一個夢想。我的夢想是建立自己的電子商務公司。人沒有夢想，沒有一點浪漫主義精神，是不會成功的。所以我想告訴大家，創業，建立企業，其實很簡單。一個強烈的欲望——你想做什麼事情，你想改變什麼事情。你想清楚之後，要永遠堅持這一點。創業要找最合適的人，不一定要找最成功的人。

chapter 17

永遠不要忘記第一天的理想

馬雲：「初戀是最美好的，每個人第一次戀愛最容易記住，每個人初次創業的時候理想是最好的，但是走著走著就找不到這條路在哪裡了。其實你的第一個夢想同樣是最美好的東西。二〇〇一年網路泡沫破滅時，那三十幾家公司，我記得現在全部關門了，只有我們一家還活著。我們是堅持初戀的人，我們是堅持夢想的人，所以才能走到今天。」

巴頓將軍說過：「要無畏、無畏、無畏。記住，從現在起直至勝利或犧牲，我們要永遠無畏。」在理想面前，馬雲抱著無畏的精神，創辦了中國黃頁。雖然當時無人支持，但他還是四處舉債，加上壓箱底的積蓄，用兩萬多人民幣創辦了這個網站。

網站創辦以後，馬雲就開始每天出門推銷他的網站，說服那些企業掏錢把資料放到他的網站上去。

可是大部分人根本不知道馬雲所講的網際網路是什麼東西，所以，馬雲推銷自己的網站時，人們都用異樣的眼光看著他，他的一言一行就像天方夜譚，大家覺得這個小個子太不可靠了，簡直是滿嘴大話。

憶起當年的歲月，馬雲不無感慨地說道：「那時候真可以說是慘不忍睹啊，就跟騙子似的。我們當時跟所有人都說，有這麼一個東西，然後如何如何做。」

馬雲先從朋友開始勸說，因為多年的信任基礎，一些朋友也就真的將自己的企業資料放在馬雲的黃頁上。當然，這其中歷經的艱辛是不言而喻的，但是不管怎麼樣，馬雲一步步將業務做起來了。

而且，一些與黃頁合作的企業，也真的透過黃頁收到了切實的利益，這就進一步為馬雲增添了信譽。打下良好的基礎後，馬雲的腰桿開始挺起來了，他的黃頁越做越大，越做越好了。一九九五年八月，中國電信開始在上海展開同樣的業務，馬雲也緊隨其後，在全國一個城市一個城市地擴展開來。

馬雲頂著「騙子」的稱號四處奔波，到處跟人聊網路，談客戶。他那時候認為：「網際網路是影響人類未來生活三十年的三千米長跑，你必須跑得像兔子一樣快，又要像烏龜一樣耐跑。」

終於，在成功發佈了北京國安足球俱樂部等中國第一批網際網路主頁後，中國黃頁開始被越來越多的人知曉和關注；到了一九九七年年底，中國黃頁的營業額達到七百萬元人民幣。馬雲的網際網路之旅已經越走越順暢了。

但是好景不長，隨著大環境的不斷變化，人們對網際網路越來越瞭解，開始出現很多和馬雲搶生意的人。從美國麻省理工學院取得博士學位的張朝陽回國後，在導師的資助下創辦了一家「愛特信」公司。隨後，有「中國網際網路先驅」之稱的瀛海威出場了，緊接著中國萬網也開通了。

面對競爭越來越激烈的市場，馬雲開始考慮北上去尋找更大的發展機遇。馬雲放出豪言：「我們打不死他們，不過他們也打不死我們。」

在一次演講中，馬雲慷慨激昂地說道：「有了一個理想之後，我覺得，最重要的是給自己一個承諾，承諾自己要把這件事情做出來。很多創業者呢，都想想這個條件不夠，那個條件沒有，這個條件也不具備。該怎麼辦？我覺得創業者最重要的是創造條件，如果機會都成熟的話，一定輪不到我們。所以呢，一般大家都覺得這是個好機會。一般大家都覺得機會成熟的時候，我認為往往不是你的機會。你堅信事情能夠做起來的時候，給自己一個承諾，說你準備幹五年，你準備幹十年、二十年，把它幹出來，我相信你就會走得很久。」

「你可以失敗，但是你不能失去做人的執著。」這是馬雲堅信的一條人生信念。不管你確立的目標是什麼，不管要去實現這個目標有多麼艱難，一旦踏上追尋理想之路，就要有強烈的意願堅持下去。就好像堅持一份美好的初戀一樣，抱著百分之百的熱愛去面對挑戰，克服難題。

馬雲在外界壓力與日俱增的情況下，堅持投入百分之百的精力在中國黃頁的發展上。這是一種態度，也是對理想所負的責任。在阿里巴巴壯大之後，馬雲回憶創業時的艱難，說道：「因為七、八年前阿里巴巴沒有名氣，我們沒有品牌，沒有現金，人們也不一定相信電子商務。那個時候招聘員工非常困難。我們開玩笑說，街上只要會走路的人，只要不是殘疾得太重，我們都招回來了。但是經過了五、六年，我們這些人居然都很有錢，大家都有成就感了。為什麼？我覺得就是因為相信我們是平凡的人，相信我們在一起能做成功一些事情。所以我覺得，創業者給自己一個夢想，給自己一個承諾，給自己一份堅持是極其關鍵的。」

「人永遠不要忘記自己第一天的理想，你的夢想是世界上最偉大的事情。」馬雲這樣告訴自己，也將這股正向能量傳遞給旁人。

chapter 18

多讀社會這本書

馬雲：「創業者最大的快樂，就在於在創業過程中去學習，去提升。很多時候，創業者因為自己搞不清楚而去創業，當自己搞清楚以後就不去創業了。所以創業者書讀得不多沒關係，就怕不在社會上讀書。」

《贏在中國》第一賽季晉級篇第八場。

參賽選手：張奕多，男，一九七五年出生，碩士，工商管理學專業。

參賽項目：結合網路遊戲的技術模式與遠端教育的教學宗旨，開發一個遊戲平台，把知識有機地融合於遊戲之中，透過遊戲來學習知識。

馬雲：「你在盛大集團工作過多長時間？」

張奕多：「半年。」

馬雲：「當時為什麼想要加入盛大？」

張奕多：「我回國的時候讀完了ＭＢＡ，那是二〇〇三年，我已經二十八歲了，我想我的經驗不夠豐富，需要去一些大公司鍛鍊一下。那時候我就聽說當時盛大集團董事長陳天橋的故事，那時陳天橋還不是特別知名，但已經在遊戲這一塊做得不錯了。我覺得這個人非常值得欽佩，我當時就跟盛大聯繫，回國以後加入盛大公司，我想從中學到一些東西。」

馬雲：「為什麼半年你就決定離開盛大？」

張奕多：「我離開的原因很簡單，因為學的是ＭＢＡ，在盛大應付這些沒有問題，但是如果讓我去併購，收購一家網路遊戲公司，去研究這款網路遊戲究竟受不受歡迎，客戶究竟怎麼看待這個網路遊戲，很難。在網路遊戲這個領域，我比不上二十世紀八〇年代以後出生的人。人在社會上應該做他最擅長的事情，在網路遊戲裡面，我不如八〇年代以後出生的一代人，我應該做最擅長的，就出來做商戰模擬領域。」

馬雲：「你在離開盛大一個月後，就創建了這家公司。」

張奕多：「對。」

馬雲：「你們公司跟政府有很好的關係，這跟你公司的發展有什麼必然的聯繫？」

張奕多：「我覺得作為一個企業的領導，你應該處理各方面的關係，要跟各方面的人打交道。作為一個ＣＥＯ，七〇％的精力就是跟人打交道。」

馬雲：「為什麼要強調政府關係？」

張奕多：「我們公司是由政府北京天使投資提供資金，這對推廣我們的產品有很大的幫助。」

馬雲：「這很容易讓我產生聯想，你獲得六項大獎，你跟政府關係很好，是怎麼拿來的，我會亂想的。」

張奕多：「這應該沒有必然的聯繫。只是當初我做這個項目的時候，它是一個教育項目，中國政府提倡科教興國，提倡創新與創業，他們願意支援這樣的項目。」

馬雲：「我覺得你整個計畫講得不錯，這個計畫也做得很成功。你做事比較穩重，也很理性。但是我覺得這個計畫競爭會很激烈，也很難做到。另外一個建議，創業者往往是開拓者，你在讀MBA時學了很多知識，未必可以讓你去創業。創業者最大的快樂，就在於在創業過程中去學習，去提升。很多時候，創業者因為自己搞不清楚而去創業，當自己搞清楚以後就不去創業了。所以創業者書讀得不多沒關係，就怕不在社會上讀書。」

chapter 19

不要低下高貴的頭

馬雲：「對所有創業者來說，永遠告訴自己一句話：從創業的第一天起，你每天要面對的是困難和失敗，而不是成功。我最困難的時候還沒有到，但有一天一定會到。困難不能躲避，不能讓別人替你去扛。九年的創業經驗告訴我，任何困難都必須自己去面對。創業者就要去面對困難。」

二〇〇三年，阿里巴巴的股東孫正義召集了所有他投資的公司經營者開會，每個經營者有五分鐘來報告自己公司的現狀，大家紛紛開口，眾說紛紜，馬雲是大會上最後一個報告者。當他說完之後，孫正義感慨：「馬雲，你是唯一一個三年前對我說什麼，現在還是對我說什麼的人。」

孫正義是軟體銀行的創辦人兼社長，在投資界是赫赫有名的人物。孫正義決定投資阿里巴巴之前，和馬雲有過一次意外的「邂逅」。

一九九九年夏，在北京奔走找投資的馬雲接到了來自摩根史坦利亞洲公司投資分析師古塔的一個電話，古塔向馬雲詢問了阿里巴巴的一些情況。幾個星期後，古塔寄了一封給電子郵件給馬雲，讓他去一棟大廈和一位投資人談談。

這位神秘的投資人就是大名鼎鼎的孫正義。那天，孫正義約見了好幾個人，他們都是來找孫正義投資的。因為時間有限，孫正義給他們每人二十分鐘的時間進行會報。輪到馬雲的時候，他作了六分鐘的演講後，孫正義就打斷了他，表示出了想要投資的意向。

孫正義問馬雲需要多少錢，馬雲卻回答自己不缺錢。在此之前，馬雲的確是拉到了一筆投資——來自高盛集團的「天使基金」投資了五百萬美元給阿里巴巴。五百萬美元的投資看起來數目不小，但做網際網路需要的融資數目之大是難以想像的，馬雲雖然不缺錢，但他的錢還是不夠用的。

聽到馬雲這樣的回答，孫正義顯得有些吃驚，他問馬雲既然不缺錢，那為什麼要來找他。馬雲的回答現在看來有些孩子氣，他說「又不是我要來找你，是別人叫我來見你的」。

與孫正義的第一次見面就發生了這樣戲劇性的一幕，但由此也可以看出馬雲作為一個商人，骨子裡透出的傲氣和謹慎。很多商人為了拉投資，本著有奶就是娘的念頭，輕易打破自己的底線，而這正是馬雲所不能接受的。

馬雲認為投資者除了能帶來資金以外，還能帶來更多的非資金要素，例如進一步的風險投資和更多的資源等。找投資，並不僅僅是為了錢，更是為了阿里巴巴日後健康的發展。馬雲對投資的要求很嚴苛，雖然他需要投資者的錢，但他也不是所有投資者的錢都接受，他要擇優而選。

不為錢折腰的馬雲吸引了孫正義，孫正義要求馬雲去日本和他作進一步的詳談。二十多天後，馬雲與孫正義在日本再次相見。二人省去寒暄，直入主題，談起了融資的各項事宜。孫正義提出要投資阿里巴巴兩千萬美元，占三〇%的股份，馬雲思考了五、六分鐘，點頭同意了。僅僅用了幾分鐘的時間，馬雲就獲得了軟銀兩千萬美元的投資，從此成了一個神話，成為了所有人可望而不可及的目標。

如果僅僅是為了獲得投資，為了讓投資者投錢，那馬雲也許現在還在四處找投資。馬雲的成功恰恰是因為他不肯低下高貴的頭，與其說他是用能力與創征服了投資者，不如說他是用高傲征服了所有人。

馬雲一直在試圖告訴創業者們一件事：雖然創業之路充滿艱辛，但也不要為了實現夢想，而降低自己做人的品質。一個人既然選擇了創業這條路，那就要一直在這條路上走下去，所謂的失敗與成功不要看得太重，應當看重的是在創業過程中獲得的樂與痛。馬雲曾說：「最重要的是不能放棄，從挫折中站起來是需要花很大力氣的。要記住，英雄在失敗中體現，真正的將軍在撤退中體現。」

對這些年來創業道路上的困難、挫折，馬雲說：「每次打擊，只要你撐過來了，就會變得更加堅強。我又想，通常期望越高，失望就越大，所以我總是想明天肯定會倒楣，一定會有更倒楣的事情發生，那麼明天真的有打擊來了，我就不會害怕了。你除了重重地打擊我，又能怎樣？來吧，我都撐得住。抗打擊能力強了，真正的信心也就有了。」

創業失敗可以改變一個人的命運，也許變得更好，也許變得更壞，但那又有什麼關係呢？馬雲在離開中國黃頁的時候，心裡何嘗不是在滴血，但當他創立阿里巴巴小有成果時，命運又向他展示了溫情的一面。「我現在最欣賞兩句話，一句是第二次世界大戰時邱吉爾先生對遭受重創的英國公眾講的話：『Never never never give up!（永不放棄！）』另一句就是：『滿懷信心地上路，遠勝過到達目的地。』」

這是馬雲激勵創業者的話，也是他對自己的勉勵。失敗了從頭再來未必是壞事，一時的成功也未必是最終的成就，既然選擇了創業，那就一輩子都要創業，不管結果怎樣，創業者都不要低下高貴的頭。

chapter 20

一定要堅信自己在做什麼

馬雲：「創業永遠挑選最容易做、最喜歡做的事情去做，創業不是賺錢的方式，創業是快樂的一種表達，如果喜歡，則沒有抱怨的理由。」

「我們要辦的是一家電子商務公司，我們的目標有三個：第一，我們要建立一家生存一百零二年的公司；第二，我們要建立一家為中國中小企業服務的電子商務公司；第三，我們要建立世界上最大的電子商務公司，要進入全球網站排名前十名。」

這番豪言壯語是馬雲在回到杭州沉寂了一段時間後，再次創業時，在員工的誓師大會上發表的。一九九九年二月，在杭州的湖畔花園，當年馬雲當大學老師時購買的社區住宅裡，重整旗鼓的馬雲和他的十七位創業團隊成員召開了第一次全體會議。馬雲錄下了那一次的會議過程。影片中，馬雲手舞足蹈地對大家表達他內心的想法。而那十七位成員，有的站著，有的坐著，都在側耳認真地傾聽。

「從現在起，我們要做一件偉大的事情。我們的B2B將為網際網路服務模式帶來一次革命！黑暗之中一起摸索，一起喊！我喊叫著往前衝的時候，你們都不要慌了。你們就拿著大刀，一直往前衝，十幾個人往前衝，沒有什麼好慌的！」

留著長髮的馬雲激動萬分、慷慨激昂：「你們現在可以出去找工作，可以一個月拿三千五百元的薪資，但是三年後你還要去為這樣的收入找工作；而我們現在每個月只拿五百元的薪資，一旦我們的公司成功，就可以永遠不必為經濟擔心了！」

那時的中國市場正是網際網路最瘋狂的時候，選擇進入這個「燒錢」的行業，馬雲並不是跟風，也不是盲目眼熱；他在參加各種商貿會的時候，就聽歐美人談論他們的電子商務，聽他們講亞馬遜、eBay，他覺得亞洲也應該有一套自己的成熟電子商務模式。但什麼樣的模式才是亞洲的電子商務模式呢？馬雲有自己的想法。

馬雲要做的電子商務並不是和大企業做生意，而是服務中小企業。用馬雲自己的話來說，那就是「只抓蝦米」。大企業實力雄厚，有自己專門的管道，能做鋪天蓋地的廣告，但中小企業並沒有這樣的能力，所以更需要網際網路。在網際網路上，中小企業能夠被更多人關注，而且只要支付非常少的費用。

他認為：「中小企業好比沙灘上的一顆顆小石子，透過網際網路可以把這些石子全部黏起來，用混凝土黏起來的石子威力無窮，可以和大石頭抗衡。」網際網路的平台就是給中小企業這樣一個以小搏大、以慢搏快的機會。

確定了自己要做的事業是什麼，也堅信自己要做的事情是正確的，但那時擺在馬雲和他的團隊面前有一個重要的現實問題就是：缺錢！

當時，馬雲不主張大家向親朋好友借錢，萬一創業失敗，不能讓人替自己買單。於是他帶頭掏腰包，大家湊了五十萬元，這就是阿里巴巴的第一筆創業基金。資金有限，馬雲租不起辦公室，就只能將公司設在湖畔花園的那棟住宅裡，他和員工每天窩在那間小屋子裡，熬十七、八個小時，鄰居們常用好奇的眼光打量這群不知道在忙什麼的人。他們不知道，就是這群人，將在不久的將來改變中國的網際網路世界。

在阿里巴巴成立最初幾年，由於沒有找到合適的盈利模式，運作得不甚理想。二〇〇一年，世界經濟出現危機、網路業出現泡沫，很多公司一夜之間倒閉。在這樣艱難的環境中，馬雲也依舊相信自己的想法，光腳的不怕穿鞋的。

「阿里巴巴從成立以來一直備受質疑，從八年前我做阿里巴巴的時候一路被罵過來，那時人們都說這個東西不可能做成。不過沒關係，我不怕罵。在中國反正別人也罵不過我，我也不在乎別人怎麼罵。因為我永遠堅信這句話：『你說的都是對的，別人都認同你了，那還輪得到你嗎？你一定要堅信自己在做什麼。』我堅信網際網路會影響中國、改變中國，我堅信中國可以發展電子商務，我也相信電子商務要發展，必須先讓客戶富起來。如果客戶不富起來，阿里巴巴就是一個虛幻的東西。我希望阿里巴巴為中國的網商、中小企業創造非常多的百萬富翁、千萬富翁。」

chapter 21

珍惜每一次受挫的體驗

馬雲：「永遠不要跟別人比幸運，我從來沒想過我比別人幸運，我也許比他們更有毅力，在最困難的時候，他們熬不住了，我可以多熬一秒鐘、兩秒鐘。」

面對網際網路市場越來越激烈的競爭，馬雲一度為了中國黃頁的發展到北京尋找新的機會，可是到了北京之後，馬雲意識到了事態遠比他想的更嚴峻。他打算先從媒體宣傳著手。他帶了一些文章來到北京，刊登在一些報紙上，為中國黃頁造勢，還召開了幾場記者會，可惜效果都不是很好，作用不大。

一九九七年之後，北京的網際網路開始流行起來，大批外國企業湧入，可是對馬雲這樣沒資歷、沒資金的人來說，要在北京闖出一片天地實在太困難了。所以，思量再三，馬雲回到了杭州，開始籌畫他的下一步發展目標。

可是禍不單行，中國黃頁陷入了困境之中。當時的杭州電信發展得很快，大有與中國黃頁一爭高下的態勢。杭州電信的資本額有三億多，而馬雲的中國黃頁資本額僅僅兩萬塊。

杭州電信資金雄厚，還有政府資源，相比之下，馬雲的中國黃頁就顯得勢單力薄，不堪一擊了。杭州電信為了分食中國黃頁的市場，還做了一個與中國黃頁名字很相近的網頁，叫作chinesepage.com，這讓馬雲的處境更加艱困。為了使中國黃頁走出困境，馬雲選擇拉靠山來增強中國黃頁的生存力。

經過深思熟慮後，馬雲決定和杭州電信合作，杭州電信占七〇%的股份，中國黃頁僅有三〇%的股份。合作沒多久，雙方就意見不合，馬雲和杭州電信在很多方面都無法達成共識，但杭州電信占的股份多，馬雲沒有什麼說話的餘地。

久而久之，馬雲覺得很鬱悶，他不得不和杭州電信分道揚鑣，決定辭職。馬雲要離開中國黃頁是一件大事，很多跟著他創業的員工都想跟隨他一起辭職，但馬雲從實際利益出發，勸他們留下，畢竟再次出去打拼是件既辛苦又有風險的事情，但依然有幾個好兄弟誓言跟隨馬雲出走。

離開了重組後的中國黃頁，馬雲接受了外經貿部的邀請，再次北上，帶著跟隨他辭職的員工加入了外經貿部。那時馬雲任外經貿部所屬中國國際電子商務中心（EDI）的資訊部總經理，他受邀為這個政府機構做網站。但在過程中，馬雲卻和政府部門的理念有所衝突。

EDI需要馬雲創建一個內部網路，可是馬雲認為內部網路已經非常不合時宜，他強烈要求將網站建立在網際網路上。然而最終的方案並不由馬雲來決定，馬雲也不得不聽從政府官員的安排，建立了一個內部網路。但這個內部網路最終的營運效益與馬雲所預想到的幾乎一致，十分蕭條。

第二次到北京創業時，馬雲的團隊總共有十二個人，他們分工合作，通常都是一個人包攬幾個領域。那時他們住在外經貿部的集體宿舍裡，條件相對艱苦，尤其是在江南生活慣了的才子佳人們，更是不適應北京的生活。每天上下班擠公車，早出晚歸，生活中似乎連陽光都見不著。

然而，就是這樣艱苦的工作和生活環境，團隊的成員還是能夠自尋其樂，幾乎形影不離，就像一家人。週末的時候，他們一行人就到一家常去的東北餃子館吃飯，有說有笑，十分歡樂。

馬雲對員工的自身素質要求很高，他經常告誡他們：「你們必須提升自己，否則就會被這個社會淘汰。」為了給員工充電，他還在下班後辦起了「英語班」，幫助大家一起學英語。

雖然辛苦，但憑著一身本領，馬雲和他的團隊很快在北京再次做出成績，這是值得驕傲的事情。但隨之而來的問題是，馬雲發現自己和在杭州一樣，同樣不夠自由，不能完全施展拳腳，在政府的編制裡，很多想法是他無法實現的。

更重要的是，馬雲意識到中國的網路形勢正在發生變化，如果繼續耗在這個地方，很可能會錯過很重要的機會。在一番掙扎與猶豫後，馬雲決定再度離開北京，回到杭州。

他跟團隊成員聚在一起，告訴他們自己的決定，並為他們分析了去留的利弊，讓他們自行決定。

「我打算回杭州了，你們可以留在部裡，留在北京，會有不錯的收入。如果想跳槽，我也可以推薦你們去新浪、雅虎這些大公司。反正我是決定回杭州了，你們要是跟我回家二次創業，薪資只有五百元，不許打車，辦公地點就在我家，你們可以在我家附近租房子住。我給你們三天時間考慮。」

雖然在馬雲說了這一番話後，大家你爭我吵地說了半天，都不能理解馬雲的決定。但團隊的成員慎重考慮後，還是決定跟隨馬雲回去。雖然創業受挫，但馬雲得到了值得他一生珍惜的情感。

其實在那一年的年中，馬雲也相繼收到了各大網站的高薪聘請，比如擔任雅虎中國的總經理，或者是加盟新浪，但馬雲都毫不猶豫地拒絕了。因為在他心裡，還有一棵更大的樹等著他去栽。就這樣，馬雲背負著眾人的明天，返回了杭州，背水一戰，開始重新創建他的理想國。

離開北京之前，馬雲帶著他的團隊去了一趟長城。在長城上，大家都很低落，尤其是馬雲，付出了那麼多的努力，最後還是空手而返。但他並不氣餒，堅信自己要做的網際網路方向是正確的，他決定收拾心情，再次出發！

不是每個人都會成功，但總有人會成功。誰會成功？馬雲認為，勤奮、執著、充實自己、改善社會的人會成功。

馬雲說：「我不是一個推崇成功學的人，我不喜歡看成功學。我只看別人怎麼失敗，從別人的失敗中反思什麼事情我不該做，也會從別人的成功裡反思他為什麼成功，我要學他的成功還是學他的精神。所以沒有什麼好抱怨的，只要坦蕩地看自己。」

所以，在創業連連受挫之後，馬雲並沒有自怨自艾、放棄自己最初的理想和目標，反而更加堅持自我，堅持理想。

「我們來到這個世間，不是來創業的，不是來做事業的，我們是來體驗生活的。」馬雲將這些都視為人生經歷的一部分，他堅持自己的目標，但並不為了急於實現目標，而迷失了自己的心性和態度。

chapter 22

關係是世上最不可靠的東西

馬雲：「我們堅信一點，新經濟也好，舊經濟也好，有一樣東西永遠不會改變，那就是為客戶提供實實在在的服務。沒有有價值的服務，網站是不可能持續發展的。」

《贏在中國》第一賽季晉級篇第六場。

參賽選手：翟羽，男，一九八一年出生，商業管理專業。

參賽項目：龍騰P2P媒體點播系統，利用龍騰P2P技術改進原有設備與網路頻寬，改造和擴充原有廠商的視頻點播系統。

翟羽：「我是一個P2P（peer-to-peer，對等網路）的堅決擁護者，我在P2P行業做了很多事情，雖然不是很有名。我是P2P廠商的發起者，目前在做媒體規則。跟王志東和高紅賓交流的時候，我發現他們跟我做的一樣，現在產品做完了，還沒開始推。我發現這個東西商機很大，因為我沒有那麼多資金和人力去調查，我覺得我碰巧發現了這個市場。」

馬雲：「你在二〇〇二年和二〇〇三年創辦啟明時代這個公司，為什麼不做了，當時的想法是怎麼樣的？」

翟羽：「當時那個公司是我離開惠普之後的第一個創業的公司。當時沒有生意，本來我有一個合夥人，要拿四十萬，用其中十萬開一間公司，可他的錢沒有到位。當時我談了一個一百零八萬的項目，但一百零八萬的項目只給我五千的預付款，問我做不做，我就做了。利用惠普的名譽，結合我的公司的遠期目標，把生意做成了。做好了後我又接了兩張單。合夥人又把錢投了進來。做這兩張單的過程當中，賺的錢他幫我買了兩輛車，就沒錢了。說明我對財務觀念和經營理念、股東股權都不懂，我只是一個賺錢的人，雖然能賺錢，但經營上是一個傻瓜。後來我就不跟他合作，結果他欠了六萬元，我應該分到幾十萬，但也沒分到。後來我就出國了，去學商業管理，因為我覺得這方面被人騙得太慘了，回來準備再搞一次，看我能不能做到。」

馬雲：「在澳洲讀了兩年書，你又成立了一間公司？」

翟羽：「對。」

馬雲：「那個公司怎麼樣了？」

翟羽：「讀書的時候沒有成立公司。讀書時沒有錢，最少的時候口袋裡就剩十塊錢，跟同學借，家裡又寄錢給我。早上上課，下午也上課，晚上陪老婆逛街。我想快點畢業，想快點走，我實在支付不起那麼高的費用。離畢業三個月時，我發現了一個商機，家長把孩子送出國之後，孩子能畢業的機率太小了，但他們都喜歡拿一張畢業證書回去跟父母交代，我發現了一個能很容易拿到學位的辦法，代理一個學位線上，我就從這當中賺錢。很快就積累了原始資金，之後就逃回來，成立了現在的公司。」

熊曉鴿：「賣假文憑？」

翟羽：「不是假文憑，那是有立案的。」

馬雲：「你第一家公司沒做好，你就去學商業，到了澳洲之後你支付不起那筆費用。你去之前知道要多少學費嗎？」

翟羽：「知道，我當時認為還付得起，但去了之後發現完全不是想像的那樣，花錢太快了，遠不是我的經濟能力可以負擔的。」

馬雲：「吳總問了你N個問題，你有關係，你有技術，技術是你開發的還是別人開發的？」

翟羽：「團隊。」

馬雲：「你懂嗎？」

翟羽：「我懂。」

馬雲：「你該有的都有了，什麼東西你沒有？」

翟羽：「錢是肯定沒有的，我曾經跟了田園老師很久，他非常支持我，最後他給了我一句話，他說：『沒有一個在商場中有名望、有地位的企業家推薦你的話，也許你就不會成功。』」

馬雲：「翟羽，我覺得你非常聰明，我給你一些建議，這世界上最不可靠的東西就是關係。我想我們這些人都一樣，尤其是我，我沒有關係，也沒有錢，我是一點點起來的。我相信關係特別不可靠，做生意不能憑關係，做生意不能憑小聰明，做生意最重要的是你明白客戶需要什麼，實實在在地創造價值，堅持下去。再強調一下，這世界上最不可靠的東西就是關係。」

Lessson

6 經營之道——賺錢模式越多，越說明你沒有模式

我對我們的模式會賺錢這一點深信不疑，亞馬遜河是世界上流量最大的河，喜馬拉雅山是世界上最高的山，阿里巴巴是世界上最有價值的寶藏。一個好的企業靠輸血是活不久的，關鍵要自己造血。阿里巴巴現有的服務是免費的，將來也永遠不會收費。將來我們推出新的服務，我們會收費，你覺得不好，就別付費，就這麼簡單。我們有一個原則，免費不等於劣質。我們的服務要做到比收費的網站還要好。

chapter 23

只有誠信才能使人富有

馬雲：「我覺得透過電子商務交流資訊之後，發展交易一定要過誠信這個獨木橋，沒有誠信就什麼都實現不了。小企業成功靠精明，中型企業成功靠管理，大企業成功靠誠信。」

在馬雲辦公室的牆壁上，掛了一幅金庸送的親筆題詞「臨淵羨魚，不如退而結網」。馬雲只要抬頭，就可以看到這幅字。馬雲很喜歡這幅字，將這幅字的內容作為管理心經，他說：「那是對我的警示。」

B2B被馬雲做得很不一樣，國外的B2B是為了給企業節省時間和資金，可是馬雲卻認為B2B是要幫助中小企業賺錢。馬雲認為，在B2B領域中，最終取勝的不是資金和技術，而是誠信。

為了確保誠信，在二〇〇二年三月份的時候，馬雲推出了「誠信通」。所謂誠信通，即是和信用管理公司合作，對網路商家進行信用認證。這是對買賣雙方誠信的保障。在雙方進行交易之前，可以在誠信通裡查到對方的檔案，裡面有很翔實的資訊，包含企業的詳細資料、會員間的相互評價，都可以證實對方的信用如何。

這些記錄，無論好壞都是無法更改刪除的，會在檔案中留存，伴隨會員一生，這樣無形中就約束了那些想要「做壞事」的會員。在這樣嚴苛的監督下，會員們自然是規規矩矩，不敢造次。

馬雲想要達到的就是這樣的效果，正如他提出的口號：「只有誠信的人才能富起來。」誠信通的會員不斷增加，馬雲也不得不趕緊徵才，以應對龐大的需求。誠信通一個接線生半年內透過電話，就能做成一百萬元的生意。看來，誠信一旦做成了、做實了，真的是一座推不倒的大山。

馬雲在接受各大報紙雜誌的採訪時，對誠信做了如下闡釋：

「中國加入WTO最大的挑戰就是誠信，企業做生意首先要建立的就是誠信，誠信是最大的財富。這是今天的企業，特別是中國企業要面臨的問題。」

「阿里巴巴中文網站的誠信通現在成了熱門品牌。我們昨天和一個學者談論誠信的問題。他說，在現實層面可能很難解決誠信這個問題，在網上反而容易解決了。誠信通其實很簡單，以後誰要和你做生意，先看你在網路上的誠信通檔案，你獲獎了可以放上去，法院對你們判決了也可以查到。我希望全中國每個企業都有一份網路上的真實檔案——這是信譽的檔案！」

「今天通用電氣和我們有網路上的合作，選擇誠信通的商人作為其潛在供應商，沃爾瑪也選擇阿里巴巴為合作夥伴。我們不評論企業是否誠信，誠信是做出來的。一個企業在網上的誠信記錄由它的客戶來寫，是不斷新加入的客戶來看你的誠信檔案，讓他們來評定你是否具有誠信。」

「所以只有誠信通客戶才能進行誠信的評論，每一次評論都有詳細的記載，到目前為止還沒有競爭對手在記錄中惡意中傷的事情發生。如果你的檔案裡有不好的記錄，我們要張榜公佈出來。你做了壞事，我就讓你活著比死還難受。」

在錄製《贏在中國》節目時，馬雲對三位於幕後進行金錢交易的參賽選手說了以下一番話，引起了很多人的思考與感悟。

「你們犯了一個幾乎所有創業者都會犯的錯誤，也沒什麼大不了。商業社會其實是個很複雜的社會，但是我覺得只有一樣東西，能夠讓自己把握住，就是誠信。因為誠信，所以簡單。越複雜的東西，越要講究誠信。」

「作為一個企業家，我相信在座的很多人，包括我自己，我也在反思。我想成為這樣的企業家嗎？我們是企業家嗎？企業家、商人和生意人有什麼樣的區別？生意人唯利是圖，有錢就賺；商人有所為，有所不為；而企業家必須承擔社會的責任，創造價值，改善社會。」

「但是無論你想做一個優秀的生意人、一個優秀的商人，還是一個優秀的企業家，必須有一樣同樣的東西，那就是誠信。誠信是個基石，最基礎的東西往往是最難做的。但是誰做好了這個，誰的路就可以走得很長、很遠。」

「跟你一樣，我是大學裡出來開始創業，有四個人騙過我。他們比我大多了，每次他們講的故事都非常好聽，所以每一次我都上當。今天我活下來了，騙過我的，當時比我大得多的人，他們的企業都關門了，而我們還存活著。騙別人的人，一定有一天會倒楣。而要不上當，就是讓自己能擋得住誘惑，擋得住壓力，擋得住貪念。」

chapter 24

少開店，開好店

馬雲：「我今天是種蘿蔔的，才剛種下去，你們就要我把苗拔起來，看是否長出了蘿蔔，看蘿蔔長得多大。只要種的是蘿蔔，總能長成大蘿蔔的。」

《贏在中國》第一賽季

參賽選手：周宇

參賽項目：女性社區連鎖店，大量開設專賣女性用品的連鎖店。

馬雲：「周宇，你畢業以後，到現在為止的工作經歷是什麼？」

周宇：「我的第一份工作是在一個國有企業裡當工人，第二份工作是在一個中美合資企業裡做銷售講師，第三份工作就是現在自己創業，已經九年了。」

馬雲：「是什麼樣的企業？做什麼產品？」

周宇：「做女性用品，內衣、內褲。」

馬雲：「為什麼選擇女性用品，怎麼想到的？」

周宇：「我最初創辦企業是銷售化妝品的，這是第一個原因；第二是因為別人都說賺女性的錢和小孩的錢比較容易；第三點是，我在一九九七年年底瞭解到女性內衣行業處於導入期，快進入成長期了，所以我就投資進入了這個行業。」

馬雲：「九年下來你這個公司的盈利狀況怎樣？」

周宇：「四百五十萬元左右。」

馬雲：「去年（二〇〇五年）四百五十萬元？是營業額四百五十萬元嗎？」

周宇：「是淨利。營業額是三千萬元。」

馬雲：「那前年（二〇〇四年）呢？」

周宇：「前年四百萬元左右。」

馬雲：「營業額是多少？」

周宇：「二千七百萬元左右。」

馬雲：「我想給你的建議是，你以後要少開店、開好店，店不在多，而在精。你要請一些優秀管理人才來幫你管理，比如說請一個好一點的財務人才。我也不懂財務，但我請了一個非常好的ＣＦＯ來幫我。一定要建立一支好的團隊。從營運管理的角度來看，少開店、開好店，有一天你才能開更多的店，一個接著一個開。上次我給一個選手提議少開店、開好店，跟現在給你的建議一樣，別急著做大。做好、做強自然會變大，如果迅速做大，會掉到陷阱裡面去。」

chapter 25

永遠不要讓資本說話，要讓資本賺錢

馬雲：「讓資本說話的企業家不會有出息。」

《贏在中國》第二賽季晉級篇第一場。

評審委員：熊曉鴿、史玉柱、馬雲。

參賽選手：李書文，男，一九七〇年出生，碩士，現當代文學、MBA專業。

參賽項目：辦公家居整合營運。中潤公司在創立之初，即確立目標要做中國辦公家具業第一整合營運品牌。

馬雲：「這兩年你覺得最失敗的事情是什麼，從創業到現在為止？」

李書文：「最失敗的是資金非常緊張的時候，我們到處求爺爺告奶奶。社會上有大量風險投資，但他們看不到傳統產業，看不到這麼龐大的市場。當時我們是一百塊錢、五百塊錢去籌資，拿著麻袋去收錢，拉著卡車去找錢，零零碎碎的，親戚朋友的錢全借過了。我們最大的失敗就是資金鏈沒解決，這也是我參加《贏在中國》的一個目的。」

馬雲：「你去年（二〇〇六年）實現了八〇%的增長。在傳統行業八〇%的增長已經很不錯了，但在熊總看來八〇%是不行的。你覺得繼續保持這樣超常規的發展，最缺的資源是什麼，是一千萬元還是什麼？」

李書文：「對中潤來講不缺思想，不缺創意，我們一缺人才，二缺資金。我參加《贏在中國》大賽，除了希望找到資金，也希望找到更多人才加盟中潤。」

馬雲：「在你的創業隊伍中，你最欣賞哪一個？」

李書文：「最欣賞的是我的財務總監。」

馬雲：「為什麼你那麼欣賞他？」

李書文：「我拿著刀逼他，他也不會多給我一分錢。」

熊曉鴿：「是不是你太太？」

李書文：「不是。中潤集團三、四個企業中沒有我任何家屬的影子，連開車的都不會有。」

史玉柱：「你的客戶主要是團體訂購，這無法避免會有一些客戶提出個人要求，要你給回扣，你怎麼解決？」

李書文：「這樣的事情中潤不做，政府招標不做，任何要回扣的不做，侮辱我們員工的不做。如果馬總買了一批一百多萬的家具，而你太太看上了我們一張很漂亮的椅子，我可以把我的產品送給你太太，但絕不能賄賂。」

馬雲：「你給我太太漂亮的椅子，這不算賄賂算什麼？」

李書文：「賄賂一定是沒有第三人參與的。我拿錢賄賂你的時候，肯定只有我們兩個人。我把一張椅子送到你辦公區，這是光明正大的。」

馬雲：「你雖然不給回扣，但是會給客戶送適當的禮品？」

李書文：「這是人之常情。」

馬雲：「如果真的有員工給客戶回扣，你怎麼處理？」

李書文：「他拿自己的錢送回扣，我可能管不到，但公司的錢他一分也拿不走。」

馬雲：「我非常欣賞你的心態、你的智慧、你的勇氣，一看就像改革國營企業的寧高寧的助手。就專案來講，也許你是最不需要錢的人，你已經很成功了。你是一九七〇年出生的，所以我的建議是，在四十歲以前能夠像四號選手（董冰）一樣學會專注。這個世界不是因為你能做什麼，而是你該做什麼。如果你把所有的精力和資金都放到你剛才所說的辦公家具項目的話，我相信會做得很好。李嘉誠講過，他的多元化經營一定等有一、兩個項目永遠賺錢時，才進行第三個。長江實業是他的旗艦，有了長江實業他才有今天。你一定要有自己的旗艦項目，在四十歲之前有自己的旗艦專案。這是我的建議。」

「你剛才講到，風險投資如果投資你的公司，你會讓資本說話。我的建議是，永遠不要讓資本說話，要讓資本賺錢。讓資本說話的企業家不會有出息，最重要的是你要讓資本賺錢，讓股東賺錢。如果有一天你拿到很多錢，你堅持今天的原則，做你認為可以賺錢的，我相信有一天資本一定會聽你的。」

chapter 26

不只是條魚

馬雲：「在中國做電子商務的人必須站起來走路，而不能老是手拉著手，老是手拉著手就要完蛋。我們跟市場的關係是手搆得著，我們與用戶的關係是要他們自己站起來走。幫助需要幫助的人，他才會感謝你的幫助。電子商務最大的受益者應該是商人，我們該賺錢是因為我們提供了工具。但如果我們做工具的人發了大財，而使用工具的人還糊里糊塗，這是不正常的。」

二〇〇四年六月，馬雲舉辦了一場網路商家大會，一千多名中國網路商家紛紛來到西湖畔，一起交流經驗，分享資源。這是由中國電子商務協會和阿里巴巴主辦的首屆中國網路商家大會，馬雲認為這次大會的意義非凡：「只有應用電子商務的企業成功了，電子商務產業的春天才會真正來臨。」

這一次會議不僅為網路商家的生存和發展以及中國網際網路事業指明了方向，還能為同行提供互相學習的機會。馬雲認為這是大會召開的主要目的。雖然網路時代正日趨成熟，但這一次網路商家大會的盛況，還是令很多人始料未及。雅虎的楊致遠對於大會的隆重感到十分驚訝：「我第一次聽人說網路商家，沒有想到企業除了在網際網路上做廣告之外，還在上面做生意，這在美國是沒有的。而中國的中小企業把網際網路當成交易的工具，這讓我想不到。」

不論當時的人們被這一次的網路商家大會衝擊多少，馬雲已經篤定地認為，中小企業的商人已經成為了網路商家的中堅力量，他們將會成為中國商業社會中非常重要的一股力量，他們的發展態勢將會在很大程度上影響中國經濟的發展。

電子商務能讓中小企業拓展極大的業績，他們的銷售額很大一部分就是透過網上交易取得的。馬雲說：「今天要在網上發財，機率並不是很大，但今天的網路可以為大家省下很多成本。」

不但能省下成本，還能營造廣泛的知名度。在網路商家大會之後，國外許多巨頭也開始關注中國的網際網路發展，他們看到了中國電子商務的崛起與良好的發展前景，這為網路商家們的業務拓展與品牌打造添加了樂觀的成分。

沃爾瑪、三星、安捷倫科技等國際大買家透過阿里巴巴加緊了在中國採購的步伐。馬雲當初定下的為中小企業服務的目標圓滿實現，網路商家多是一些資金少、資源少的小商家或個人。他們雖然沒有很多資本，但也滿懷創業的壯志，阿里巴巴無疑是為他們的創業添了一把火。

在第一屆網路商家大會上，馬雲隆重揭曉了「二〇〇四年中國十大網路商家」。這十個網路商家是透過投票評選出來的，馬雲鄭重其事地將他們的名字公佈出來，讓他們的努力被所有人看到，也讓其他網路商家或者想做網路商家的人有了奮鬥的目標。

「經常有人問我：『馬雲你怎麼預測三年以後，怎麼預測未來？你怎麼看待未來電子商務、未來的形勢？』我想預測未來最好的辦法就是創造它，說到做到，堅守承諾！」馬雲的確是堅守著自己做電子商務的承諾，阿里巴巴上的網路商家多達數千萬家，網上外貿金額有數百億元，而且還在不斷上漲。

馬雲透過不斷完善與發展阿里巴巴，為這些網路商家營造了一個良好的營業氛圍。古語有云：「授人以魚不如授人以漁。」馬雲所做的這項事業的偉大之處就在於，他對阿里巴巴上的那些商家所給的幫助是長期的，可提升的，而不僅僅是短期的。

二〇〇六年七月，杭州市政府、中國電子商務協會和阿里巴巴聯合宣布：首屆中國網商節定址杭州，向全球開放。這個活動的主旨，是為了「搭建一個全球網際網路業界展示、交流的平台，展示網路商家實力，拓展網路消費群。」

馬雲表示，希望將來能固定舉辦網路商家節，希望全球的網路商家都能來杭州尋找合作夥伴，尋找合作機會。這樣做的結果自然不言而喻，對於網路商家們來說，一定是一次很難得的機會。

與其分享別人遞來的現成果實，不如學習別人栽種果樹的方法，使自己也獲得豐收。真正幫助別人，不是只要給他食物就行了，而是要教給他獲取食物的技能。如果想要擺脫貧困，獲得財富，真正有效的辦法不是獲得金錢，而是掌握賺錢的技能。馬雲是深深明白其中道理的，所以，阿里巴巴的目標就是要改變全球商人做生意的方式，將全球使用者帶入網路商家時代，使阿里巴巴成為一個釣魚的工具，而不僅僅是魚。

Lesson

7 管理哲學——責任心有多大，舞台就有多大

你願意為一個人承擔責任，那你是很好的人。
你願意為五個人承擔責任，你是個經理。
你願意為二百人、三百人承擔責任，你是總經理。

chapter 27

運氣不好，也要怪自己

馬雲：「合格的企業家不會等到環境變好了以後再工作，企業家處在現在的環境中，要致力於改善這個環境，光投訴、光抱怨有什麼用呢？今天的失敗只能怪你自己，要麼大家都失敗了；現在有人成功了，而你失敗了，那就只能怪自己。就是一句話，哪怕你運氣不好，也是你不對。」

二〇〇三年的SARS事件，如今還是讓人記憶猶新。馬雲更是對那一場SARS風暴無法忘懷。當時，阿里巴巴一名員工在廣州參加中國進出口商品交易會時不幸被傳染了，回來後又在公司加了班才回家。

幾天後，這位員工被確診為SARS患者。因為她在公司與多名員工接觸過，公司也迅速被政府確定為重點防範對象，整個被封鎖起來，員工們都被隔離在家，不許出門。馬雲說當時他走在街上，人們都會指著他說：「看看，快看，那個ＳＡＲＳ來了。」雖然不能去公司上班，但公司的業務發展不能停，馬雲只好和員工們各自在家裡工作。

這時，員工家屬的質疑也紛紛指向馬雲，質問馬雲為什麼要在這麼危險的時刻派員工去參加廣交會。廣交會所在的廣州當時雖是疫區，但因為阿里巴巴之前對客戶的承諾是，除非是真正不可抗力的因素，否則能做到的，阿里巴巴都會做到。而且當時廣交會正常舉辦，公司沒有多想，也就正常參加了。

沒有想到員工會被傳染，這讓馬雲十分難過。他在一個深夜提筆寫了一封信，致阿里巴巴所有員工及他們的親友。

尊敬的阿里親友：

這幾天我的心情很沉重！從上午知道確診後到現在，我一直想向所有的人表示深深的歉意！如果今天有任何事可以交換我們不幸患病同事的健康，如果今天我們可以做任何事來確保同事和杭城父老兄弟姐妹的健康，我願意付出一切！

我知道今天做任何解釋都毫無意義，畢竟事情已經發生！我為我們的同事在事發前所做的一切應急預防準備工作表示遺憾！因為我們的準備工作也許是杭州最好的之一，但由於種種偶然的因素，我們還是被ＳＡＲＳ擊中！而我們的應急方案居然真的派上了用場！

確實，阿里巴巴存在很多不足之處和漏洞，很多問題我們會在災難後認真反省！作為公司負責人，我很想承擔所有的責任，如果可以的話。但理智告訴我，今天還不到指責埋怨的時候！今天我需要和大家一起共渡難關，迎接挑戰！一家由年輕人組成的年輕的公司，經過這次災難會快速成熟起來！

這幾天令我感動的是，面對挑戰，所有阿里人選擇了樂觀堅強的態度，我們互相關心，互相支持。在共同面對SARS挑戰的同時，我們沒有忘記阿里人的使命和職責！災難總會過去，而生活仍將繼續，與災難抗爭的同時，我們會繼續為自己鍾愛的事業奮鬥！

我為這樣的年輕人而驕傲！我為自己能在這樣的公司裡工作而自豪！我也希望阿里的家人朋友們，為你們這樣的年輕人，這樣敢於接受挑戰的年輕團隊鼓掌！因為你們沒有選擇恐慌、退縮和悲觀！這是阿里價值觀所起的作用！阿里人能理解！

現在我還想向大家宣布一件事：從今晚起阿里巴巴所有杭州員工可能面臨全部隔離！我想為了我們自己，為了家人朋友，為了杭城父老，也為了阿里巴巴的明天，我們就過上幾天封閉生活吧。

我理解大家現在的心情，真的對不起！影響了大家正常的生活和工作！養好身體比什麼都重要！請大家認真配合有關部門的工作！請各位阿里人把此信轉給我們尊敬的親屬、朋友，和所有因我們而遭受各種損失的人士！並向他們表示深深的歉意！

讓我們共同為那位生病的同事祈禱！祝福她早日康復！這幾天我還會和大家透過網路聯

繫，我仍會一如既往客觀透明地報告我所知道的任何情況！

再次向各位表示歉意！！

謹致誠摯的問候，衷心祝願大家身體安康！

阿里人　馬雲

馬雲的這封信，感動了阿里巴巴的所有員工，他們和馬雲一起攜手，共同度過了難關。他們各自在家裡安裝了電腦、寬頻和通信設備，員工的家人也參與了阿里巴巴的日常工作，負責接電話，列印檔案等。

「這是一件好事，ＳＡＲＳ成為凝聚人心的時刻。」馬雲事後回憶起來，十分感動。那段時間，阿里巴巴的業務量反而增長了五、六倍，馬雲在一場危機中凝聚了人心，凝聚了力量。

chapter 28

跟著使命感走

馬雲：「我們提出讓天下沒有難做的生意以後，我們就把這個作為阿里巴巴推出任何服務和產品的唯一標準。我們以前曾經說，最少推出一款免費的產品。我們的工程師和產品設計師、行銷人員馬上想到，免費搞得複雜一點，將來收費搞得簡單一點就可以了。所以我們的產品就越做越複雜。後來我問我們的使命是什麼？全體員工就說，『天下沒有難做的生意』。那為什麼把產品搞得那麼複雜？大家一下子就醒了，就把產品做得非常簡單。讓客戶感覺越來越簡單，把麻煩留給我們自己，就是受到當時使命感的驅動。」

二〇〇一年，馬雲到紐約參加世界經濟論壇。在那裡，他聽世界五百大CEO談得最多的就是使命感和價值觀。這些想法，在當時的中國企業還談得很少。那天早上，馬雲有幸參加了柯林頓夫婦的早餐會。一起吃早餐的時候，馬雲和柯林頓夫婦進行了一次愉快的交流。

柯林頓說，美國在很多方面是領導者，有時領導者不知道該往哪兒走，沒有什麼引導他們，他們沒有榜樣可以仿效。馬雲就問柯林頓，是什麼讓他做出決定？柯林頓回答：「是使命感。」

使命感的驅動力量，讓企業的發展有明確的方向，雖然當時在中國的企業中，「使命感」這三個字的內涵還不是很為人接受。馬雲曾經有感而發地說：「如果你談使命感和價值觀，他們認為你太虛假了，不跟你談。今天我們的企業缺乏這些，所以我們的企業老是不會變大。」

從美國回來的馬雲，清楚認識到當時中國的網際網路公司都在模仿雅虎、美國線上、亞馬遜等國外大企業；他意識到，阿里巴巴應該走自己的路，而不是成為模仿品。他正式宣布：「阿里巴巴只能跟著使命感走。」

而後，馬雲進一步確立了阿里巴巴的使命感：「現在名氣最大的企業是GE，是通用電氣。他們一百年前最早是做電燈泡的，他們的使命是讓全天下亮起來，這讓GE成為全球最大的電氣公司。另外一家公司是迪士尼，他們的使命是讓全天下的人開心，這樣的使命讓迪士尼拍的電影都是喜劇片。而我們阿里巴巴在做這個決定的時候，我們的使命是讓天下沒有難做的生意！」

「讓天下沒有難做的生意」就此成了阿里巴巴的使命，「傾聽客戶的聲音，滿足客戶的需求」是阿里巴巴生存與發展的根基。任何違背這個使命的事情，馬雲都不會去做。當阿里巴巴推出一款產品時，首要考慮的是這款產品是否有利於生意，是否有利於企業的使命感。

所以，馬雲並不認同「阿里巴巴是一家電子商務公司」，他更傾向於「阿里巴巴是一家商務服務公司」。

馬雲將阿里巴巴稱為一支執行隊伍而非思考隊伍。他說：「二〇〇三年，我們阿里巴巴在B2B領域發展的已經很好了。怎麼走下去，我很迷茫。當你站在第一的位置上時，往往不知道該往哪裡走，因為第二、第三可以跟著第一走，但是第一沒有參照物。那時我憑什麼做出一系列決定？就是憑著使命感。」

阿里巴巴之所以選擇做電子商務，而不是其他被人們看好的賺錢方式，是因為馬雲認為：「阿里巴巴成立的時候我說過，我們相信中國一定能進入WTO，而中國的發達又是以中小企業的發展為基礎的，我們用IT武裝他們，幫助他們發達，也幫助自己發達，公司也能賺錢。只有電子商務才能改變中國未來的經濟，我堅信進入資訊時代以後，中國完全有可能成為世界一流的國家。無論是政治、軍事，還是文化。」

阿里巴巴的使命感是這樣，而阿里巴巴的每一位成員也一直堅守這種使命。「讓天下沒有難做的生意」的使命感，讓阿里巴巴受到眾多客戶的尊重。有了阿里巴巴這個平台，很多中小企業獲得了更多利潤，很多個人商家也在上面創辦網路商店，找到了自己的價值。

阿里巴巴的使命感為人們創造了很多就業機會，這正是馬雲期望看到的。「我們要讓中小企業真正賺錢，我們要讓中小企業有更多的後繼者。我們國家有十三、四億人口，二十年以後可能很多人會因各種各樣的原因失業，我希望電子商務幫助更多的人就業。有了就業機會，社會就會穩定，家庭就會穩定，事業就會發展。在我看來，一個企業要承擔社會責任，並把這個社會責任貫穿於我們的工作中。我們要承擔我們的責任，我們要推進這個社會發展。」

chapter 29

成功必定是團隊帶來的

馬雲：「把你的太太當合作夥伴，不要把她當太太看。」

馬雲有一個很好的團隊，有著超強的凝聚力和執行力。在接受《對話》節目訪談時，馬雲對自己的團隊也是讚不絕口。

馬雲：「我覺得我的團隊非常好。別人很難打垮我的團隊，你可以打垮馬雲、打垮一個人；打垮一個團隊、打垮我們的理想很難。」

主持人：「確實啊，你身邊聚集著一些有共同理想的人。我知道一九九七年你從杭州到北京去的時候，帶去的是七個人。後來一九九九年從北京回到杭州，這七個人不僅一個都沒有少，而且還發展壯大到了十七個人。究竟是什麼把所有人留了下來，而且還凝聚了更多新的力量？」

馬雲：「這七個人到現在為止也沒走，跟我一起最久的合作了七、八年。我們互相信任，性格、技能上互補。這七個人很少出來見媒體，好像現在唯一一個就是孫彤宇，就是淘寶網的總經理，這些人特別低調。我講話多一點，他們幹活幹得多一點。我們這幾個人合作很多年了。」

主持人：「有一些人說可能馬雲先生靠著比較高的薪資，把他們留了下來。」

馬雲：「不可能說高薪，怎麼可能高薪。當時我覺得有一點是蠻感動的，決定離開北京以後我們去了趟長城，我到現在做夢經常都會夢到這個鏡頭。到了長城上面，那天很冷。有一個人在長城上還嚎啕大哭，他說：『我們為什麼？杭州做得蠻成功的，到了北京，北京做成功以後又要丟掉。』然後在長城上面，我們這八個人發誓說，我們回去，我們就不相信我們不能建立一個偉大的公司。所以在長城上，我們說要建立一個中國人創辦的，全世界最好的公司，在最困難的時候，我們永遠要回憶這個東西。每一年我跟這十七個人就吃一頓飯，有時候都見不到。當然我們常常吵架，太常吵架，犯的錯誤也太多了，但是我們互相信賴。」

主持人：「在這樣一個團隊當中有這種不離不棄的情感，但是當年的不離不棄今天怎麼樣了呢？這個事實寫在我們的另外一塊紙板上。來，我們看一下。在這塊板子上，我們看到這樣一個事實，四〇%的老員工現在離開了公司。」

馬雲：「有可能，事實上也是。不離開才是奇怪的。我說過了，冬天的時候我們犯了一個很大的錯誤，一有錢，我們跟任何人都一樣，得請高階主管，得請洋人，咱們得聘請世界五百強的副總裁。我們請了一大堆人，包括顧問，講起來全對，做起來全錯。你都不知道是誰錯了，反正這總是我們的錯。在最關鍵的時刻，我需要做決定，要不然他們會離開。他們是前一百名，這是最大的痛苦。所以我後來講過，就像一個波音７４７的引擎裝在拖拉機上面，拖拉機沒飛起來，反而四分五裂。我如果當時不做這樣的手術，可能我們公司就沒今天了。所以我們請到了很多高階主管，前一百號的幾乎都這樣請進來的，後面也有百分之三、四十。在最痛苦的時候，也就是二〇〇二年、二〇〇三年，開始建立銷售團隊，我們銷售團隊的影響力很大。」

主持人：「你覺得他們離去的主要原因是什麼？」

馬雲：「我覺得有很多原因：第一、我們的文化很強；第二、我們並不像別人想像得那麼好。因為這是一個只有五年歷史的公司，尤其是二〇〇四年以後，我越來越擔心，很多年輕人加入我們公司，充滿了理想。你可以講得很好，但做事的時候要扎扎實實、一步一步去做。那另外一個，我想我們的管理團隊、領導力有大問題。也許他們跟我溝通就會好一點，但跟一線經理、總監溝通就會有問題。這些問題是一個年輕公司帶來的。就是說你在奔跑的過程中，團隊一定會有人掉隊。如果說哪個公司告訴我，你們在這五年的奔跑中，可以做到兩千名員工，平均年齡二十六歲，經歷網際網路的高潮、低潮然後再起來，又能夠在全世界兩百個國家地區發展，有七百萬的網路商家在使用，且沒有人掉隊，我是打死也不相信。

２７１戰術是我們公司的策略：二〇％的優秀員工、七〇％的普通員工，還有一〇％每年是一定要離開的。」

主持人：「你放出這樣的話來，你覺得在你員工的心目中，他們會對你讚揚的聲音多一些，還是對你批評的聲音多一些？」

馬雲：「我並不追求員工對我讚揚，我不希望員工愛我，我只希望員工尊重我。尊重地說，他們有這麼一個ＣＥＯ。而不是說他們愛我，那沒有用。」

chapter 30

員工是企業最大的財富

馬雲：「對阿里巴巴來講，選擇權、金錢都無法和人才相比。員工是公司最好的財富。有共同價值觀和企業文化的員工是最大的財富。今天銀行利息是兩個百分點，如果把這個錢投資在員工身上，提供培訓的機會，那麼員工創造的財富遠遠不止兩個百分點。」

莎士比亞曾說：「凡是經過考驗的朋友，就應該把他們緊緊地團結在你的周圍。」馬雲似乎深諳此道，當阿里巴巴以飛快的速度在網際網路行業發展壯大時，沒有人能準確地預測它的未來前景。可是馬雲對這點並不擔心，相反，他對自己的團隊胸有成竹。正如他自己說的：「未來兩年不管發生什麼事，希望大家都能留下來。我們雖然還很年輕，但時間不等人，我們必須邊跑、邊做、邊調整。將來公司會保持一〇%的員工淘汰率，但只要不是罪無可恕，我都歡迎你們回來！」

對企業來說，無論是在創業期間，還是在向成熟發展的過程中，都少不了一個團結一致的隊伍。而一支有凝聚力的團隊，則需要一個能夠身體力行，對待員工如家人，也有遠見的領導者。馬雲就是這樣一個具有極強號召力的領導者，當然，他的人格魅力也是自身素養的體現。

「創辦一個偉大的公司，靠的不是一個Leader，而是每一個員工。我不承諾你們一定能發財、升官，我只能說——你們將在這個公司裡遭受很多磨難、委屈，但在經歷這一切以後，你們就會知道什麼是成長，以及怎樣才可以打造偉大、堅強、勇敢的公司。」早在阿里巴巴草創階段，馬雲就帶領了一支由十七個人組成情同手足的團隊，共同為一個夢想打拼了多年。而當阿里巴巴在市場上站穩了腳跟，當技術、服務和客戶都穩定下來之後，馬雲知道，人心的安穩才是阿里巴巴未來成敗的關鍵。他對自己的員工這樣說道：「電子商務的前景非常樂觀，但是未來電子商務的發展依靠的不僅僅是客戶數量、服務品質，更重要的還是技術。只有你們和我有同樣遠大的夢想，團結一致，才能取勝。」

馬雲一直是相信夢想的：「追求這些夢想我從來沒有改變，希望你們也沒有改變。未來，我們會發展得更快。我相信在一年內中國網際網路將發生巨大的變化，這個變化一定是由阿里軍團帶領產生的。」

在說到如何將企業員工匯聚成一股強大的力量時，馬雲說：「曉之以理、動之以情，不迴避困難，而是直接告訴員工，讓員工參與進來，一起解決。」馬雲一直將自己的價值觀貫徹到公司之中：「用價值觀來統一思想，透過統一思想來影響每一個人的行為，最後集合成為巨大的力量。」

人是最具個性的生物，在一個大型企業中，要想把眾多不同性格的人匯集在一起，是件非常不容易的事。如果一個領導者沒有像馬雲這樣發自內心關懷員工的話，想必「團結」一詞也只是嘴上說說罷了。

chapter 31

讓員工上班像瘋子，下班笑咪咪

馬雲：「工作不要太認真，快樂就行，因為只有快樂讓你創新，認真只會有更多的KPI、更多的壓力、更多的埋怨，真正把自己變成機器。我們不管多偉大、多勤奮、多痛苦，都要永遠記住做一個實實在在、舒舒服服的人，因為這樣的人才是最美的。」

二〇〇一年，馬雲有時會在網路上以實名回答網友的提問，他說：「生活是艱辛的。如果你做得不好，人家會笑話你，把你當垃圾。如果你做得好，人家就抄襲你、偷你，用各種理由告你……但是我還是喜歡把事情做好。」

馬雲認為工作，經營事業，應該選擇讓自己快樂的事情來做，這樣做起事來才會情緒高昂而有效率。阿里巴巴的宗旨就是「快樂工作，快樂生活」。阿里巴巴的每個員工都面帶笑容，進入這個工作環境，雖然十分忙碌，但總能讓人感到心情愉悅。

這就是阿里巴巴的企業文化。馬雲希望阿里巴巴吸引人才不是靠著高薪和挖角，而是靠企業本身的「快樂文化」。阿里巴巴集團現任副總裁衛哲在剛進公司的時候，就被這種快樂情緒所感染，他說：「這恐怕是中國笑臉最多的一個公司，而且執行能力超強，但我不知道為什麼！」

馬雲不會為員工設很多規定，他說：「在阿里巴巴，員工可以穿溜冰鞋來上班，也可以隨時來我辦公室，總之一定要讓員工『爽快』。」

馬雲也不會以一個威嚴老闆的身份出現在員工面前，他永遠都是和藹可親的。曾有一名員工表示：「馬雲和所有的人都沒有距離，這是讓人最吃驚的。」

馬雲的快樂文化吸引了很多人加入阿里巴巴，其中不乏優秀的人才。例如聯合創辦人蔡崇信就是其中之一。蔡崇信有著名校畢業，在跨國公司擔任重要職位的背景，卻心甘情願在阿里巴巴還是小公司的時候就加入。對此，蔡崇信的答案是：「這裡有一些做事情的人，他們在做一件讓我覺得很有意思的事情，所以我就決定來了。」

蔡崇信放棄了高額年薪，加入阿里巴巴從頭開始，一方面是折服於馬雲的人格魅力，另一方面也是被阿里巴巴快樂的文化吸引。這也正是馬雲一直宣導的，他說：「員工第一，客戶第二。沒有他們，就沒有這個網站。也只有他們開心了，我們的客戶才會開心；而客戶們鼓勵的言語，又會讓他們像發瘋一樣地去工作，這也使得我們的網站不斷地發展。」

輕鬆的工作環境，更能讓員工發揮潛能，提高工作效率。馬雲在公司經常帶頭製造這種輕鬆的氛圍。他鼓勵員工發展各種興趣愛好，公司成立了許多興趣社團，且費用全都由公司承擔。

公司還經常舉辦晚會，在又唱又跳的歡樂氣氛中，馬雲更不遺餘力地為員工表演。他或是打扮成一個漂亮的姑娘，載歌載舞；或裝扮成童話中的白雪公主，讓員工們詫異之餘，開懷大笑。

有領導者的積極宣導，公司的快樂文化自然維護得很好。阿里巴巴的員工都以輕鬆的心態工作，業績怎能不提升呢？

馬雲對此很有自己的心得：「我希望我們每一個員工都能上班像瘋子，下班笑眯眯，而不是把工作當成負擔，每天像個苦行僧一樣活著。沒有笑臉的公司是痛苦的。判斷一個人是不是優秀，不要看他是不是哈佛畢業，是不是史丹福畢業，而要看這個人幹活是不是發瘋一樣，看他每天下班是不是笑咪咪地回家。」

chapter 32

能力決定位置，品格決定能在位置上待多久

馬雲：「道德是阿里巴巴的天條，永遠都不能夠被侵犯。」

如果將人的智慧和勤奮比作黃金，那麼人的品格就可以比作鑽石。在職場中，對自己的公司和工作忠誠，就是忠誠於自己的事業，就是以不同的方式為一種事業做出貢獻。對於這一點，馬雲是非常認同的。

大多數企業在對員工進行評估的時候，都會唯業績馬首是瞻，這些企業的領導者對那些能為企業直接創造價值的員工情有獨鍾。然而，馬雲卻與這些企業的領導者不同，他在挑選人才的時候，更看重的是一個人的人品，也就是這個人的價值觀。在阿里巴巴，對一個人進

行評估考核時，個人業績和價值觀各占五〇%，並將員工分為三種類型。

第一類是有業績但品德差的員工，這類員工被稱為「野狗」。針對他們，如果不能改變其價值觀，那麼無論業績多好，阿里巴巴都會堅決將他們清除出門。

第二類是沒有業績但品德高尚的員工，這類員工被稱為「小白兔」。針對他們，阿里巴巴會用心培養，讓他們能早日成長起來。但如果他們始終沒有進步，那麼也會逐漸被淘汰。

第三類是不僅業績好，而且品德高尚的員工，這類員工被稱為「獵犬」。他們是阿里巴巴需要的員工，因此會受到公司的重用，並且有機會接受最好的培訓。

在這個考核系統中，「六脈神劍」的價值觀就是阿里巴巴的天條，任何人都不能觸犯。所謂「六脈神劍」，就是客戶第一、擁抱變化、團隊合作、熱情、誠信、敬業，這是一個以價值觀為首要目標的考核體系。假如你的業績不好，沒有關係，公司會幫助你成長。如果你違背了公司的價值觀，做出有損公司形象的事情，那麼無論你業績多好、能力多強，都必須離開。

在阿里巴巴創建之初，馬雲就制定過一個制度：公司永遠不要給任何人一點回扣，如果誰給了回扣，就請離開公司。馬雲認為，阿里巴巴不需要進行檯面下的交易，他也不需要進行檯面下交易的夥伴。

在阿里巴巴曾經發生過這麼一件事：有人反映，一名員工在與客戶接觸時，向客戶承諾回扣。經過調查，終於真相大白，原來是淘寶網一名業績一向很優秀的業務員，為了自己這個季度的業績能達到「優秀」，而想出這麼一個歪招。

這個業務員平時一直表現得很優秀，而且剛剛被評為「銷售之星」，部門主管有些捨不得開除他，不想因為一次錯誤就將他掃地出門。馬雲知道這件事情後，當天就讓這名員工辦好了離職手續。用馬雲的話來說：「殺他是很痛的，但是還得殺掉他，因為這種人沒有用，他對團隊造成的傷害是非常大的。」

來阿里巴巴應徵，「誠信」是必考題之一。想進入阿里巴巴，就必須滿足誠信這一條件，因為誠信是一個人最寶貴的品質，一個不講誠信的人，馬雲是絕對不會錄用的。在一次演講中，馬雲曾說：「能力決定你所在的位置，品格決定你能在這個位置上待多久。」

Lesson

8 領導心法——別把飛機引擎裝在拖拉機上

chapter 33

唐僧是個好領導

馬雲：「唐僧是一個好領導，他知道孫悟空要看緊，所以要會念緊箍咒；豬八戒小毛病多，但不會犯大錯，偶爾批評批評就可以；沙悟淨則需要經常鼓勵一番。這樣一個明星團隊就形成了。」

《西遊記》是很多人愛看的經典名著，人們對書中很多精彩章節都津津樂道。馬雲也喜歡看《西遊記》，但馬雲看的不單單是小說情節，而是其中的門道。

馬雲認為，領導者不一定要是精英。他說：「很聰明的人需要一個傻瓜去領導，團隊裡都是科學家的時候，叫農民當領導是最好的，因為思考方向不一樣，從不同的角度著手往往就會贏。」

馬雲善於思考，但是對電腦技術一竅不通，作為阿里巴巴這樣一家被定位為技術型網際網路公司的老闆，馬雲表示毫無壓力。有媒體也曾這樣戲稱他：「他，是一個不懂ＩＴ的ＩＴ精英；他，是一個不懂網路的網路英雄。」

到底馬雲有多不懂技術，如果不看一個經典的例子，那就不能對他這個ＩＴ菜鳥有一個具體直觀的瞭解。

一日，一位記者受邀在馬雲的辦公室與他聊天，也許是當時雙方討論話題的需要，馬雲就準備從他的電腦裡打開某個資料。可是記者等了大半天，還是不見馬雲找到這份資料。無奈之下，馬雲只好打電話叫祕書進來幫忙。

記者以為馬雲遇到了一個很大的技術難題，於是就在一旁耐心地等祕書解決。可是祕書一下子就把資料給調了出來，前後不到十秒鐘的時間。記者湊到電腦前一看，才發現原來馬雲要找的不過是一個再普通不過的Word檔案。

不知馬雲真面目的記者朋友頓時目瞪口呆，這個連剛學電腦的農村老大爺都能解決的電腦問題，馬雲居然不會？這位記者直呼不可思議，可事實就是如此。

在絕大多數人的印象中，隨便一個ＩＴ產業的技術人士都是身懷絕技的，連最菜鳥級的ＩＴ界人士都能解決普通人無法解決的電腦難題。可是馬雲卻只會做兩件與網路相關的事情：「一是流覽網頁；二是收發電子郵件。其他的一竅不通，我連如何在電腦上看ＶＣＤ都不會弄。」

不僅如此，馬雲還堅持保持自己的「水準」，在ＩＴ技術上絲毫不求上進，甚至還說

「一直保持這種『菜鳥』級水準挺好的」。在馬雲看來，他從小就不認為自己聰明，他曾坦承：「我實在笨得很，腦子這麼小，只能一個一個想問題，你連提三個問題，我就消化不了了。」

然而這並沒能阻擋馬雲帶領他的團隊創造奇蹟。因為在馬雲看來，「打造一個明星團隊比擁有一個明星領導人更重要」。這正如一艘在大海中行進的船舶一樣，僅僅有一名經驗豐富且技術高超的船長遠遠不夠，還需要一支優秀的船員隊伍。

在帶領團隊方面，馬雲有自己的祕訣，那就是當個網路白癡。他旗下很多產品，都是靠他這個「白癡」來完成測試的。馬雲說：「只要我馬雲不會用，社會上八〇%的人就不會用。」可見每個產品都要先過他這一關才行，不然就是白費工夫。

在參加中央電視台《對話》節目的錄製過程中，曾任中國加入世貿組織首席談判代表、博鰲亞洲論壇（Boao Forum for Asia）祕書長的龍永圖這樣評價馬雲：「外行也是可以領導內行的，但前提是你要尊重內行。如果自己不懂，又沒有自知之明，那就麻煩了，而馬雲在這方面恰恰做得非常到位。」

馬雲自認為是笨人，「不要精英，只要一般人，什麼都會的精英那就成妖精了。」馬雲將自己的團隊命名為「唐僧式團隊」，「唐僧這樣的領導，對自己的目標非常執著。孫悟空雖然很自以為是，但是很勤奮、能力強；豬八戒雖然懶惰一點，但是卻擁有積極樂觀的態度；沙悟淨從來都是不談理想，腳踏實地上班。因此這四個人合在一起，形成了中國最完美的團隊。」

或許正是馬雲與眾不同的理念，才讓他的團隊挺過了網際網路最不景氣的階段。說到底，馬雲的成功也是因為他雖然是個菜鳥，卻十分懂得尊重專家和高手的意見。

好領導不一定能說、能調侃、會演講。領導人要堅定不移地堅持自己的信念。正如馬雲所說：「西天取經，領導者就是不管多大的危難，也要說我去了。你們可以離開，但我還是會去的，這就是領導者。所以我覺得唐僧這個領導者，哪個單位都有。你別看他不太說話、說不過馬雲，但是他比馬雲厲害多了，只不過你沒看出來而已。孫悟空能力很強，但是經常犯錯誤，這種人每個單位都有，對不對？都是孫悟空，公司沒法幹了；沒有孫悟空，公司也沒法幹。豬八戒好吃懶做，但是這個人特幽默，團隊需要這樣的人。據說他最適合做丈夫。沙悟淨勤勤懇懇，他說你不要跟我講理想、講奮鬥目標，我每天八小時上班，早上到，晚上回去。這樣的人，也少不了。這四個人，經過九九八十一個磨難，到西天取到了真經，這種團隊我們滿山遍野都是。每個人都有自己的個性，關鍵是領導者如何讓這個團隊發揮作用，這才是真正的取經好團隊。」

chapter 34

相信年輕人，就是相信未來

馬雲：「我上學的時候從來沒有進過前三名，當然也沒有進過後十五名，由此可見，中等偏上的學生最有可塑性。一般的學生都被Google和微軟給招走了，我們選的都是不一般的學生。」

大多數企業似乎都對應屆畢業生不太感興趣，因為在一般人的印象中，應屆畢業生沒有工作經驗和社會閱歷，眼高手低，不守信用，很難獨當一面。但是，馬雲在用人方面卻與眾不同，他不像其他企業在徵才時首選精英人才，而是把許多應屆畢業生也列入考慮。

其實，最初的時候，馬雲也和其他企業的領導者一樣，不喜歡應屆畢業生。他曾經這樣評價應屆畢業生：「他們都沒有受過委屈，太浮躁，一天三個主意，一年換三個工作。」基於這種想法，馬雲曾一度固執地認為：「給年輕人最好的機會，就是不給他機會。」所以，在阿里巴巴創建後相當長的一段時間裡，公司從來沒有找過應屆畢業生。每到徵才季節，同行們都會舉辦大規模的校園徵才活動，對此，馬雲都持不屑一顧的態度。

不過，任何事都會改變，馬雲對應屆畢業生的看法也不例外。

隨著時間過去，馬雲開始意識到應屆畢業生的真正價值。他回想起自己剛創業的時候，不也經常因為年輕氣盛、鋒芒畢露，而遭到其他人的誤解和非議？應屆畢業生雖然有很多缺點，但是他們容易接受新事物，更容易認同阿里巴巴的價值觀；更難能可貴的是，他們具有「初生之犢不畏虎」的衝勁。

隨著馬雲想法的轉變，阿里巴巴開始進行大規模的校園徵才。二〇〇五年十一月二十日，雅虎中國在北京拉開了校園徵才活動的序幕。在隨後的兩個月裡，馬雲和時任雅虎中國CTO的吳炯一起親自帶隊，奔赴北京、上海、哈爾濱等七個城市進行校園徵才活動，他們的目標是招聘五十名搜尋方面的技術人員。

為了增加對人才的吸引力，馬雲和他的徵才團隊可謂煞費苦心，用盡了各種招數。以前大學生是被人追捧，工作主動找上門；現在是企業愛理不理，大學生們到處求工作。為了讓這些大學生重溫當年的禮遇、彌補心理上的落差，雅虎中國的招聘人員就像市場裡的小販一樣，在校園裡大聲吆喝：「大家看一看，看看這裡有沒有適合你發展的空間。」這種「貼近學生」的徵才方式使大學生們產生了一種異樣的「親切感」，頓時吸引了大批學生前來應徵。

與此同時，馬雲還在校園內與應徵的大學生進行輕鬆的交流，而不像其他企業老總那樣擺出一副高高在上的姿態，這不僅緩解了大學生們應徵時的壓力，也塑造了馬雲平易近人的形象。

為了避免參加活動的學生來回奔波，阿里巴巴不僅派專車接送學生，還特意把徵才活動和第二輪筆試合在一起；擔心學生沒有吃飯就來，中午免費提供午餐；徵才活動結束後、筆試開始前，再提供一次，避免有些學生餓著肚子參加考試。

阿里巴巴對於前來應徵的大學生還有特殊的照顧：筆試第一名獎勵二萬元，每一個被錄取的員工將得到阿里巴巴的股票選擇權，而且還針對新進員工實行一對一量身定做的發展和培訓計畫。

從那時起，阿里巴巴每年都會招聘一批應屆畢業生進入公司。如今的阿里巴巴，有很多是剛畢業不到兩年的員工，其中有些人已經成為骨幹，開始管理上百人。對於應屆畢業生的看法，馬雲說：「如果一個年輕人今天和你說他要做什麼，三年後依然說他要做這個，而且堅持在做，那你一定要給這個年輕人機會。」

chapter 35

永遠對員工說真話

馬雲：「阿里巴巴不希望用唾手可得的利益來吸引人才，而是要用企業文化留住人才。」

有句話說：「士為知己者死。」在企業中，想要讓員工真心誠意地將公司的事當成自己的事來做，企業領導者至關重要。如何管理好每一個員工，說到底，就是能否做到對每一位員工都坦誠相待。

馬雲一開始做中國黃頁的時候，有一次還有幾天就要發薪水了，因為現金不足，帳面上的錢不足以發放員工的薪資。面對這種情況，馬雲並沒有找藉口拖欠，而是坦誠地將公司目前面臨的困境告訴所有員工。面對馬雲的真誠，所有員工都表示能理解，並表示就算再有幾個月發不出薪水，他們也不會離開公司。雖然馬雲最後還是按時發放了薪資，但是他始終保持這種對員工以誠相待的做法。

二〇〇五年，阿里巴巴併購雅虎中國，當馬雲第一次踏進雅虎中國的辦公室時，他從幾百名員工的眼中至少讀出了幾十種神情，有迷茫的，有沮喪的，有憤怒的……

面對雅虎中國員工的諸多表情，馬雲真誠相待，他說的第一句話是：「首先我很抱歉，因為制度要求，我不能預先跟大家溝通；其次，請大家給我一個機會、一些時間，留一年下來觀察；最後，希望大家在一個有空調、像公司的地方舒舒服服地上班。」

隨後，為了拉近與雅虎中國員工的距離，併購宣布一個月後，馬雲做出決定，將雅虎中國幾百名員工用專用列車請到杭州。當他們到達杭州後，馬雲更是用一顆真誠的心熱情地接待他們。考慮到雅虎中國員工的生活習慣，馬雲為他們準備了「中西合璧」的早餐；同時十幾輛大客車已經排隊在站外恭候。在車隊經過的馬路兩側，掛滿了「歡迎回家，歡迎雅虎回家」的布條。

但是，表面的和氣並不能消除兩家公司在文化上的差異，這也導致雙方衝突的情緒。在被併購之初，雅虎中國的員工們不太理解馬雲的表達方式，而馬雲也有點不喜歡這些員工。馬雲認為，「他們有一種搞小團隊傾向，不喜歡溝通，似乎能說不能幹，而阿里巴巴說到必須做到。他們也不喜歡我們，因為他們認為自己在技術上比我們厲害。」

當時，阿里巴巴的競爭對手也不斷在暗中挖人，馬雲感到併購宣布以來，最困難的時期來臨了。於是，他把雅虎中國的所有員工召集在一起，拋出了較好的「離職」補貼政策：離職的員工可獲得「N+1」個月薪資的補償金——N為該員工在雅虎中國工作的年數，而且選擇權可以全部套現。結果只有四%的員工選擇離開，大部分員工都為馬雲及阿里巴巴的誠意打動，選擇了留下。

正是因為馬雲這種坦誠相待的做法，讓阿里巴巴所有員工也以積極的工作態度來回報馬雲。馬雲之所以能把大批優秀人才聚於麾下，打造出一個有戰鬥力的團隊，造就阿里巴巴的成功與持續發展，與此有很大的關係。

作為阿里巴巴的領導者，馬雲追求與員工之間真誠交流。他曾經在演講時說：「你可以不說，但是只要說，就要說真話。」這種做法也讓他具有一種獨特的親和力，在員工的心中，馬雲既像朋友，也像家人。一位阿里巴巴的員工這樣評價馬雲：「我感覺他本質非常好，非常善良，對周圍的人很照顧，而且不是應付也不是應酬，是發自內心的關心。他把我們當作真正的朋友，他付出從來不講回報，他平等待人，而且處事很公正。很多事情我們覺得困難，可是他卻說，你看我們還有那麼多的希望。跟他工作很高興。」

chapter 36

用企業文化留住人才

馬雲：「你想把別人綁住是綁不住的，綁得住人綁不住心。要讓他心甘情願留下來，強摘的瓜不甜。」

作為一個領導者，如何讓下屬死心塌地跟著自己拚事業？靠的不是高薪厚職，也不是股權分紅，而是贏得屬下的心。得人心者得天下，能贏得屬下的真心支持，就能成就一番大事業。

在阿里巴巴，曾經有過這樣一個故事。一位年輕有為的部門主管在一段日子裡總是心事重重，因為有另一家公司願意花更高的薪資挖他過去做事，他正在考慮中。這個部門主管在阿里巴巴的年薪十五萬元左右，他畢業以來就一直待在阿里巴巴。因為為人誠懇、工作認真負責，所以很快就得到了提拔，在公司的人緣也不錯。因業務關係也結識了不少業界精英和知名人士，認識他的人都對他的業績讚賞有加。

當這位部門主管糾結於跳槽的事情時，一年一度的中秋節即將來臨。這時候，主管的家人告訴他，家裡收到了一盒月餅，是阿里巴巴的老大馬雲寄去的。不僅如此，馬雲還在月餅盒中附上一封慰問阿里巴巴員工親屬的信。

原來，阿里巴巴特別為每位員工的家人都寄了一盒慰問月餅，還有一封馬雲寫的慰問信。這位部門主管的家鄉在偏遠的小山村，當他的父母收到這樣一份中秋節禮物時，幾乎感動得淚流滿面。

部門主管得知這個消息後，獨自思考了很久，並且回憶了自己從畢業到現在的種種工作經歷。於是他才發現，自己在工作中真正需要的是不斷提升自己，而他最大的優勢則是自身的誠懇和對工作的熱情。

中秋節送月餅這件事，證明了阿里巴巴是一個懂得感恩員工的大企業，而馬雲更是一位有心的企業家。他需要的不正是這樣的企業和老闆嗎？那還有什麼好糾結的呢？第二天，這位部門主管就堅定地回絕了高薪聘請他的公司，安心地繼續在阿里巴巴工作了。

其實，阿里巴巴寄月餅和慰問信給員工家人的行為，就是典型的企業感恩文化。而所謂的企業感恩文化，就是用回饋的方式來構建企業與員工、顧客、合作夥伴以及社會之間的關係和互動，在這種關係之中所滲透的情感，會讓企業得到更大的發展空間及利益。阿里巴巴的感恩文化不僅表現在與員工分享企業的成果上，更多則體現在對員工的尊重，讓員工感覺自己受重視，從而對企業充滿了感恩之情。

馬雲說：「當員工達到一百人時，我必須站在員工的最前面，身先士卒，發號施令；當員工增至一千人時，我必須站在員工的中間，懇求員工鼎力相助；當員工達到一萬人時，我只要站在員工的後面，心存感激即可；如果員工增到五萬至十萬人，心存感激還不夠，必須雙手合十，以拜佛的虔誠之心來領導他們。」

chapter 37

信任，是對員工最好的激勵

馬雲：「創業最大的突破和挑戰在於用人，而用人最大的突破在於信任人。」

在用人方面，唐太宗有一句至理名言：「為人君者，驅駕英才，推心待士。」這句話的意思是說：作為君王，如果想要「驅駕英才」，就必須對下屬推心置腹，不要對他們懷有戒備之心。由此可見，在封建社會，明君與昏君的一個最重要的區別就是：明君能做到用人不疑，對大臣們充分信賴，這種信賴的結果是大臣們忠心耿耿地報效朝廷。而在現代社會，大膽用人，並能做到「用人不疑」，同樣也是一個領導者成就一番事業的重要前提。

提到淘寶網，一定有很多人知道；但是提到孫彤宇這個名字，知道的人就很少了，儘管他是淘寶網之父，並且因為一手創建淘寶網，而成為中國IT界赫赫有名的「財神」。

其實，從一九九六年加盟中國黃頁開始，孫彤宇就一直跟隨在馬雲身邊，從杭州到北京再到杭州，一路跌跌撞撞地走來，孫彤宇一直沒有放棄馬雲。和他一樣沒有放棄馬雲的，還有另外十六個創業夥伴——在今天的阿里巴巴公司內部，他們和馬雲一起被稱作「十八羅漢」。

一九九九年阿里巴巴剛成立的時候，馬雲就曾對始終跟隨在自己身邊的「十七羅漢」明確表示：「你們只能做連長、排長，團級以上幹部我得另請高明。」在當時，作為元老的孫彤宇只是擔任阿里巴巴投資部經理。但是在二〇〇三年的某一天，當馬雲向孫彤宇提起建立淘寶網的計畫，並問他如果負責這個項目，什麼時候能夠打敗易趣時，孫彤宇立下了三年的軍令狀。於是，在當時「海歸」雲集的阿里巴巴，馬雲大膽起用了這個地地道道的「土鱉」，因為馬雲意識到，孫彤宇現在也許只是個「連排長」，但他有成為「師長」、「軍長」的潛力。

二〇〇三年四月十四日，孫彤宇受命帶領十幾個人祕密創建淘寶網，他被任命為該專案的負責人。最開始開發淘寶網時，孫彤宇經常帶領整個團隊連續幾週不回家；睏了洗把臉，就在辦公室裡睡一小會兒。

事實證明，馬雲沒有選錯人，孫彤宇也不負眾望，完成了使命。在面對強大競爭時，孫彤宇帶領著團隊衝鋒陷陣，經過幾年的努力，最終讓淘寶網成長為中國最大的網路購物平台。到二〇〇五年，淘寶網的市場佔有率達到八〇%，徹底打敗了易趣，從而也成功地打破了跨國巨頭企圖壟斷中國個人網購市場的野心，創造了中國網際網路歷史上的「淘寶奇蹟」。

在馬雲看來，大膽起用並信任自己的員工，是企業用人的第一標準，同時也是企業走向成功的第一步。馬雲曾說過這樣一段話：「必須信賴並關心員工。你的員工、你的團隊是唯一能夠改變一切的力量。員工是幫助你實現夢想的基礎。大企業總是抱怨創新過程中碰到的問題，他們不知道如何實現目標，原因是他們沒有傾聽員工的意見。他們把太多的精力花在了股東身上。股東會給你很多意見，但是在執行過程中，他們卻會離你而去。股東隨時都在改變主意，但是你的員工卻總是和你站在一起並支持你。我記得二〇〇〇年和二〇〇一年是最艱難的時候，當時只有一群人同我並肩作戰，他們就是我的同事。他們說：『馬雲，未來兩年你不用發薪水給我們，我們會和公司一起堅持到最後，因為你尊重我們，因為客戶需要我們。』」正是基於這種信任，馬雲最終才會走向成功，創建了龐大的網路帝國。

企業的發展絕對不可能憑藉一個人的力量來完成，它需要集體的智慧；而作為企業的領導者，就要成為集體智慧的開發者，讓每一個有才能者的價值最大化。大膽起用人才，給予人才最充分的信任，這才是管理的根本。

chapter 38

當底下的人超越你，你才是個領導者

馬雲：「讓一個人的才華真正發揮作用的道理就像拉車，如果有的人往這邊拉，有的人往那邊拉，相互之間就亂掉了。我在公司的作用就像水泥，把許多優秀的人才結合起來，讓他們將力氣用在同一個地方。」

在網際網路競爭如此激烈的今天，阿里巴巴還能夠在群雄中突圍，並且逐漸發展壯大，促成這種勝局的原因很多，但有一點是確定的，那就是阿里巴巴之中，每個人才都能被安排在恰當的工作崗位上。

在馬雲的領導理念中，認為「大材小用」或者「小材大用」都是成功的絆腳石。領導者應該用人所長，管人管到位就可以了。

馬雲說：「我訓練幹部管理團隊，要求他們在問題發生前就把問題處理掉。你做的任何決定，都關係到公司三至六個月後發生的事情。如果沒有人能取代你，你永遠不會升職。只有下面的人超越你，你才是一個領導者。」馬雲不懂網路技術，但他卻能管理阿里巴巴這麼大的集團，這是因為馬雲深深懂得，只要人才能歸他使用，公司就沒有不發展的道理。

甄選人才的標準很多，但馬雲選進阿里巴巴的人才，並不是普通意義上的人才。馬雲認為：「你用六個月如果還找不到替代你的人，說明你招人有問題。六個月你找不到人，說明你不會用人。領導者要能把人身上最好的東西挖掘出來。你要找這個人的優點，找到這個人自己都不知道的優點，這是你的厲害之處。如果有一隻老虎在後面追你，你的奔跑速度自己都想像不到。為什麼能跑這麼快？因為有老虎追你。每個人都有潛力，關鍵是領導要找出這種潛力。」放眼望去，那些在市場競爭中敗陣的企業，從某種程度上講，很大一部分原因是企業領導者沒有正確的管理和用人。而馬雲卻深知：沒有差勁的員工，只有差勁的領導。價值是由人來創造的，人才是企業最寶貴的財富。

在今日的環境中，優秀的領導者不但是善於駕馭者，還要培養出優秀的接班人。馬雲在二〇一二年接受《時尚先生》專訪時，對此發表了自己的看法。

主持人：「你是怎麼培養年輕人成為未來的領導者？」

馬雲：「好的年輕人是被發現，然後被訓練的。首先你要發現他有敢於承擔責任的素質。他一定要有擔當。你不可能找到一個完美的人。你找到的是一個有毛病的人，因為有毛病，所以才需要你幫他嘛。」

「第一、我不找一個完美的人，我不找一個道德很好的人，我找的是一個有承擔力的、有獨特想法的人。有獨特想法的人未必有執行力，有執行力的人未必有獨特想法。所以你要pick a team。沒有一個人是完美的，想法很好，執行能力又很強，這樣的人不常見。所以我經常說三流的點子、一流的執行，一流的點子……」

「你先把它做出來再說。這兩個技能很少配在一起。你要想找一個這樣的人，你可能要等十年才能找到。所以我要找各種各樣的人，這人有想法，那人有執行力，把這些人聚在一起。你不是找一個接班人，你是找一個團隊，找一群人。沒有人是完美的。組織和人的結合，才是perfect的。」

Lesson

9 別怕競爭——只要三流的點子，加上一流的執行力

競爭，我認為在商業過程中，它是場遊戲，可它更是一門藝術。第一點，是要向競爭者學習。只有向競爭者學習的人才會進步。第二點，如果在競爭過程中，你自己覺得越來越累，一定是你出了問題。應該讓對手越來越累，你越來越開心。結果是，讓對手心服口服地說，他輸了，你比他厲害。這樣的競爭才是我們提倡的競爭。

chapter 39

競爭者是你的磨刀石

馬雲：「競爭者是你的磨刀石，把你越磨越利，越磨越亮。造就一個優秀的企業，並不是要打敗所有的對手，而是形成自身獨特的競爭優勢，建立自己的團隊、機制、文化。我可能再幹五年、十年，但最終肯定要離開。離開之前，我會把阿里巴巴、淘寶網獨特的競爭優勢和企業成長機制建立起來，到時候，有沒有馬雲已不重要。」

這是二〇〇六年，馬雲在一檔名為《財富人生》的節目中，與主持人的部分對答。

葉蓉：「我發現，你身上有一種喜歡挑戰強敵的天性。兩年前的中國已經有了一個eBay易趣，你仍然要做一個淘寶網出來。聽說淘寶網誕生前後有些非常離奇的故事，能不能在這裡透露透露？」

馬雲：「孫正義和我都認為，今後沒有Ｂ２Ｂ和Ｃ２Ｃ的區別。阿里巴巴和eBay有著驚人的相似，只不過我們是專注於中小型企業，他們專注於個人電子商務。我們認真考慮過後就挑了幾個年輕人，給他們做了一個測試。我和ＣＦＯ、ＣＯＯ、幾個副總裁坐在辦公室，叫他們一一進來。其中一名年輕人從來沒想到這麼多公司高層在裡面，哇，嚇了一大跳。我就和他說：『現在要派你去做一件事，要離開杭州，離開公司。你不能告訴你的朋友，也不能告訴你爸爸媽媽去做什麼了，但是你要離開這個公司。你願不願意做這個項目？』他看了看我說：『願意。』我說：『你不願意的話現在就可以離開。現在我們也不能告訴你做什麼，這是一份合約，全是英文的，如果你簽下字以後，十個月以內你不能漏出一點點風聲。這個合約上面沒有任何好處，只有壞處，你現在簽了合約，就意味著你離開我們這家公司。你要加入一家新的公司，這家公司你現在也不能知道，也不能告訴別人，你簽不簽？』這些人看了以後都簽了。」

葉蓉：「為什麼要搞得這麼神秘呢？」

馬雲：「有的事情可以先叫板，有些不能叫板，等你有實力了再叫。你要向eBay嗆聲時已經有實力了。如果發現很多人在少林寺下面喊打少林寺，這都是瞎掰，但是一到你門口要叫板的時候，基本上是穩操勝券了。這七八個人就搬到了另外一個地方辦公，我每天晚上都會過去跟他們交流。記得淘寶網剛出來的時候，我們幾個人要湊產品，每個人必須在家裡找出四件產品。我們翻箱倒櫃，總共找了三十件東西。然後你買我的我買你的，大家都去造人氣。到今天，淘寶網上有一千三百多萬件產品，而第一天只有三十件。這三十件都是我們的員工從自己家裡拿去的。我把手錶都放上去了。過了一段時間，阿里巴巴內部網站上一位員工寫了篇文章，請公司高層高度注意，有一家公司可能會成為我們的對手，請大家注意這家小公司，叫淘寶網。文章說這家公司雖然小，但是它很有威力，想法很奇特，而且它的構思跟我們特像。很多同事開始跟帖，說我們已經注意到這家公司。後來又有人說，我們已經透過IP位置查到，這家公司就在杭州，在我們公司附近。最後我們不得不在七月十日那天宣布，淘寶網是我們自己的。宣布那天，整個公司的人都歡呼雀躍，這個炸彈終於排除了。」

chapter 40

進攻者，永遠有機會

馬雲：「如果早起的那隻鳥沒有吃到蟲子，就會被別的鳥吃掉。」

對於要在商場中大展拳腳的人來說，培養先發制人的競爭意識很重要。如果沒有這樣的意識，等到競爭對手打到家門口，才反應過來要去反擊，那就太晚了。在沒有硝煙的商場中，搶佔先機的人才能搶佔市場。

在這一方面，馬雲可以說為企業家們做了一個很好的表率。在網際網路還未被大眾熟知的時候，他就進軍這個行業；在電子商務發展出現瓶頸的時候，他創建了淘寶網，拓展了新模式；為了狙擊Google，他選擇了和雅虎聯盟。

進攻是最好的防守，用馬雲自己的話來解釋，就是「進攻者，永遠都有機會」。在商場上，你可以躲避開一個對手的進攻，但躲避不開所有對手的進攻，所以，與其四處躲避，不如主動出擊。

「競爭者是殺不掉的，他們一定是自己殺掉自己的。環境會殺掉他們，產業的變化會殺掉他們；自負會殺掉他們；看不起自己會殺掉他們；自己踩錯點更會殺掉他們。所以我認為最大的對手還是自己。你不要忙著去替社會清理這些事情，它自己會清理的。」馬雲從不畏懼競爭者和挑戰者，在競爭中，他會選擇先發制人，佔領先機。

中國的網拍市場形成時，最初的局面是三足鼎立——eBay易趣、淘寶網和一拍網。這三大網站三分網拍市場，各自佔領了不小的地盤，這裡面，淘寶網雖然是後起之秀，發展較晚，但在馬雲的帶領下，佔據了市場第二的地位。

但三家網站都想一家獨大，佔領整個中國網拍市場，所以，一場較量在所難免。每一方都在不斷挖掘和擴張自己的勢力，這其中淘寶網的做法卻讓人有些不大理解。在二〇〇五年時，阿里巴巴和新浪關於一拍網的股份一事達成了協定——新浪網將持有的一拍網三三%的股份全面轉讓給了阿里巴巴。

阿里巴巴與雅虎併購時，一拍網的股份也轉讓給了阿里巴巴。一拍網是雅虎和新浪在華的合資公司，這樣一來，阿里巴巴就有了一拍網一〇〇%的股份。在人們以為阿里巴巴將改革一拍網時，馬雲卻將一拍網關閉了。

馬雲認為一拍網加入淘寶網的作用只是錦上添花，但不會有根本的改變，而最有價值的是一拍網的員工。馬雲將一拍網關閉，讓eBay易趣措手不及，本來是三分市場，但突然之間就成了兩家對決。

之後的競爭中，淘寶網的本地優勢頻頻顯現出來，eBay易趣只能眼睜睜地看著淘寶網在自己原有的市場地盤上不斷安營紮寨，攫取市場占有率。

有人稱這次的網拍市場之戰，馬雲用的是偷襲手段，馬雲對此也不否認，他說：「有人說淘寶網贏eBay是珍珠港偷襲，eBay輸了是因為沒防到，輸了不算。那麼，雅虎和Google之戰是全世界都知道的，是在運動戰中消滅敵人。偷襲之戰必須在二十四小時或四十八小時內結束，不可能持續下去！」

chapter 41

沒有對手是一種危機

馬雲：「我就是戴著望遠鏡也找不到對手。最大的對手是自己，對手是在你心裡。你要去找對手，沒法找。」

《對話》節目中，主持人問：「說完了錢的問題，我們再來說下一個問題，這個問題也是你曾經說過的一句話。來，我們一塊看一看。這句話好像又讓我們感覺到最初的那個大大的字又出現了——就是你用望遠鏡也找不到對手。這句話事出有因嗎？」

馬雲：「並非事出有因，事實上好像也是這樣吧。」

主持人：「也是這樣，始終找不到？」

馬雲：「不是我們做得好，而是運氣好，是別人不看好我們。如果大家有興趣可以查一些資料，在一九九九年、二〇〇〇年阿里巴巴網站起來的時候，多少人在罵我們不知道怎麼賺錢。免費，這模式肯定不行。當時張三要打敗我們，李四要打敗我們，王五、趙六……然後我記得二〇〇〇年哈佛大學把我們當成了研究案例，後來又成了另一個案例，我參加了清華大學、哈佛大學對這兩個案例的研討會。結果每一次研討會就把我跟另外一家公司放在一起，最後說那一家公司會贏，阿里巴巴會死。但是四年都去了，跟我比的公司都死掉了，我還活著。」

主持人：「每次你都去接受這樣的打擊？」

馬雲：「我每年都去，然後我坐在最後面，因為他們不知道我在後面聽，分析來分析去，最後說阿里巴巴不行了。我當然很生氣，後果也很嚴重，那也沒辦法。」

主持人：「那你現在應該就是一種獨孤求敗的感覺，是不是？」

馬雲：「沒有，其實最大的對手你用望遠鏡是找不到的。你往自己身上一看，你就知道這是對手。你的狂妄，別人對你的不認同……你自己認為連續幾年做得很好的時候，往往這個對手越來越強大。我知道，我看外面看不到，對手是在心裡的。所以我這句話沒錯，你要去找對手，沒法找。我真不知道在海外進出口業務上面誰是我們的對手，中國國內貿易方面我們也覺得沒什麼對手。但是對手就在自己的心裡。」

主持人：「這種沒對手的狀態，你覺得對你來說是一種危機呢，還是一種欣喜？」

馬雲：「超大的危機。沒有對手就像沒有磨刀石一樣。沒有對手是很可怕的。因為沒有對手，一旦碰上好的對手，你所有的精力、能力都會被調動起來。你沒看見我這一年，二〇〇四年是我特別開心的一年，因為淘寶網找到了很好的對手，越打越開心。五年沒有對手是很寂寞的。」

chapter 42

要笑傲江湖，就別落入惡性競爭

馬雲：「我跟金庸探討《笑傲江湖》的時候，我們探討出了一些觀點。為何笑，為何傲？什麼人能笑，什麼人能傲？你做企業家想笑，想笑得透徹，就要有眼光、有胸懷。你想傲，你一定要有實力，人家一個巴掌過去，你滾出五米之外，再傲也沒用。所以想要笑傲江湖，就要做到眼光犀利、胸懷開闊。」

阿里巴巴這個名字是馬雲想的。他當初取這個名字，就是想到《一千零一夜》，這個阿里巴巴用「芝麻開門」打開藏寶洞大門的故事。馬雲覺得，阿里巴巴是全世界都熟知的故事，如果公司叫這個名字，人們一聽就會記住。沒想到，幾年之後，他卻會因為公司的名字和別人打上官司。

打開網路，點擊 www.alibaba.com，出現在網頁上的是阿里巴巴（中國）的網站；點擊 www.2688.com，網頁上出現的是北京正普科技發展有限公司的網站。這兩個網站的網域名稱雖然一個是字母、一個是數字，但念起來十分相似。後來，因為數字諧音，北京正普科技發展有限公司在二〇〇一年將阿里巴巴告上了法庭。

北京正普科技發展有限公司是一家頗具規模的軟體批發商，董事長姚增起認為公司的業務有必要向網路拓展，就註冊了國際網域名稱 2688.com。之後，他想將自己的網站起名為「阿里巴巴」，可是去註冊的時候，卻被告知這個中文網域名稱被預留了。預留這個名字的，自然是馬雲的阿里巴巴。

「中國網域名稱第一天註冊，在二十四小時之內，就收到三．六萬筆申請。這個量非常大，非常集中。對於這種大量的申請註冊，如果不採取一些措施，可能會導致很大的混亂，或導致一些搶注行為，甚至惡意搶注行為發生。所以基於這種經驗，基於國際上的慣例，我們在正式開放之前採取一種預留和禁止註冊的措施。」

當時，中國網際網路資訊中心是這樣對姚增起解釋的，但他對這樣的解釋並不滿意，他決心要將這個網域名稱奪回，於是便與阿里巴巴對簿公堂。一審判決下來，審判結果是駁回原告北京正普科技發展有限公司的訴訟請求，判決「阿里巴巴」中文網域名稱仍為阿里巴巴（中國）網路技術有限公司註冊所有。

對這樣的判決結果，北京正普科技發展有限公司的董事長姚增起十分困惑：「一審判決完全是莫名其妙，前後矛盾，我們弄不明白法律到底要保護什麼？」不服判決的北京正普科技發展有限公司再次向法院提起上訴。

阿里巴巴副總裁金建杭的態度也十分堅決：「我們肯定會積極應訴，一定要捍衛本公司和廣大用戶的利益，不能讓阿里巴巴這個品牌受到任何負面影響。」

姚增起認為自己公司註冊「阿里巴巴」這個商標的時候，阿里巴巴公司還沒有成立，顯然自己這一邊更有道理。但金建杭說，馬雲在一九九八年年底就推出以「阿里巴巴」和「Alibaba」命名的中文和英文網站，並且在國際網際網路上試營運，在一九九九年三月正式營運。而一九九九年四月二十九日，北京正普才註冊了「2688.com」這一網域名稱，並且自稱運作的網站叫作「阿里巴巴」，但那時阿里巴巴已經有了很大的社會影響力，被國內外的媒體所關注。

一場爭奪網域名稱的大戰，最後還是在「以事實為依據，以法律為準繩」的法律原則下，馬雲保全了阿里巴巴的網域名稱，贏得了這一次網域名稱爭奪戰的勝利。

二〇〇五年七月，很多阿里巴巴的出口企業用戶幾乎同時收到了一份匿名或者號碼不確定的傳真，傳真上寫著：阿里巴巴是在為仿冒產業提供全面服務。

這份傳真內容有鼻子有眼，上面宣稱美國「國際反仿冒聯盟」發表的白皮書推薦把阿里巴巴列入「特別三〇一名單」，希望能夠對阿里巴巴進行嚴懲。

這一份傳單如一石激起千層浪，一時間引得眾說紛紜。面對如此的誹謗和惡意中傷，阿里巴巴方面拿出證據，證明阿里巴巴根本沒有被國際反仿冒聯盟列入「特別三〇一名單」，他們發表聲明指出：「這是一個被某些競爭對手公司幕後操控的不正當競爭行為，阿里巴巴不排除追究其法律責任的可能。」

面對對手的惡意中傷，馬雲並沒有當下回擊，而是採取種種措施提高網站資訊的真實性和合法性，用正當向上的手段，給予虛烏有的中傷最有力的反駁。

馬雲不去與競爭對手逞一時之快，而是忍下這口氣，努力提升阿里巴巴的誠信度和業務水準，用事實說話，告訴所有人，阿里巴巴從來都不是一個為仿冒產業提供服務的公司，阿里巴巴一直做著正當的生意，用正當的手段為廣大使用者服務。

在阿里巴巴的一番努力下，在有關部門為阿里巴巴提供證據並予以澄清後，大家重新恢復了對阿里巴巴的信心，對流言不再理睬。馬雲認為，任何企業在競爭中都應該遵守基本的商業法則，靠實力說話；惡意競爭的企業是不會長久的。作為被惡意競爭所傷害的企業，也不要生氣動怒，惡意回擊；清者自清，總有一天能證明自己。如果為了報「被傷害」的仇，糾纏在惡性競爭的旋渦中，實在是得不償失。

Lesson

10 擬定戰略——活下去，保持熱情

戰略不能落實到結果和目標上，都是空話。一個正確的戰略制定過程，首先要做正確的事情，再來才是正確地做事。你做正確的事，就可以事半功倍，如果你做的事情是錯誤的，後邊做得越正確，死得越快。所以我覺得，作為一個CEO，首先要明白，做正確的事，然後再正確地去做事，這兩個千萬不要顛倒。

chapter 43

短暫的熱情不值錢

馬雲：「年輕人都有熱情，但年輕人的熱情來得快去得更快，持續不斷的熱情才有價值。你可以失去一個專案，丟掉一個客戶，但你不能失去做人的目標。失敗了再來，這就是熱情。有些人創業時期充滿熱情，但他們的熱情來得快，去得也快。所以，我希望你們的熱情能保持三年，保持一輩子。熱情是不能受傷害的。」

熱情是成功的原動力，成功者永遠都是充滿熱情的。沒有熱情作為動力，事業上是很難起步的。美國作家愛默生說：「有史以來，沒有任何一項偉大的事業不是因為熱忱而成功的。」

馬雲是個充滿熱情的人，走到哪裡，他都是一副精力充沛、熱情洋溢的樣子。他在激勵大家努力為夢想奮鬥時說：「電子商務是一個新的領域，我們最重要的是永遠為你所做的事情保持熱情。做電子商務不容易，今天有這麼多人在，我非常高興。從事網路的人，尤其是這幾年活下來的人，經歷的事情太多……」

他還說：「短暫的熱情是不值錢的，只有持久的熱情才會賺錢。」正是靠著這份為了理想永不熄滅的熱情，馬雲完成了一件又一件看似不可能完成的事情。他提出在二〇〇三年，阿里巴巴全年獲利要到達一億元。當時的網際網路業界，誰也不敢誇這樣的海口，但馬雲敢，他不但敢說，還敢做，年底的時候，這個看似不可能完成的目標達成了。

二〇〇四年，馬雲誇下更大的海口，他說要每天實現盈利一百萬元。在年底的時候，這個目標又完成了。到了二〇〇五年，馬雲說阿里巴巴每天繳納稅款要達到一百萬元……每一次的言論，都將馬雲和阿里巴巴推到風口浪尖上，每一個目標的提出，都招致各種反對和質疑的聲音。人們都說馬雲是狂人，是個狂熱的夢想家，但馬雲其實是個懷有熱情的理想主義創業者。

之所以能夠將這一個個看似不可能的目標實現，馬雲靠的不只是滿腔熱情和空洞的想法。他有膽識，有見識，更重要的是他有著對自己所做事業的前瞻性。馬雲在建設阿里巴巴初期的時候，認為B2B不應該是Business To Business，而應該是Businessman To Businessman。

馬雲想起離開北京前去登長城時的情景，他回憶說：「我們在長城上發現一件很有意思的事情，每塊磚頭上都寫著『張三王五到此一游，李四到此留念』，這是中國最早的BBS。

中國人很喜歡BBS，不懂技術的人，用起來最方便、最能接受的方式就是BBS，所以我們從BBS開始入手。阿里巴巴實際上最早就是一個BBS，把每個人想買想賣的東西放在上面。做BBS又要創新，我當時跟我們的技術人員講每一條貼上去之前都要檢查、分類，他們認為這個好像違背了網際網路精神。網際網路精神就是你應該是徹底自由的，愛貼什麼貼什麼。我覺得不應該愛貼什麼貼什麼，你必須創新，每一條貼上去之前都要檢查，加以分類。」

這就是馬雲認為的亞洲獨創的電子商務模式，他認為阿里巴巴應該為中小企業免費刊登資訊，並且永久免費。他的這個理念在團隊中遭到了不小的反對，但馬雲不肯妥協，他要求必須按照他的想法來，馬雲還提出了自己設想的網頁設計。

團隊成員認為這種簡單、醜陋的設計方案不合主流，但是馬雲卻堅持己見，他認為阿里巴巴的用戶都是不怎麼會上網的商人，甚至很多人對電腦一竅不通，所以網站一定要簡單，弄得太花哨太複雜反而適得其反。因為意見不統一，馬雲和團隊成員發生了激烈的爭吵，甚至有人拍著桌子和馬雲吵，但是馬雲仍不改初衷，他始終認為方便用戶才是對的，自己的思考也是對的。

後來，馬雲在新加坡參加亞洲電子商務大會，意識到亞洲真正從事電子商務的網站微乎其微，他感到機會來了，於是透過電子郵件要求技術人員立即完成BBS的設計。讓他沒有想到的是，他們還是不同意。馬雲發怒了，他真想立刻飛回去，猛拍那些技術人員的腦袋。

他抓起長途電話，尖聲大叫：「你們立刻、現在、馬上去做！立刻！現在！馬上！」

在馬雲的強硬堅持下，這個事情還是以暫時執行他的方案而告終。而最終的事實也證明，馬雲的這個想法為阿里巴巴帶來了很好的開局。如果沒有澎湃的熱情支撐，馬雲很可能在遭到眾多反對聲時就退縮不前了。但就是靠著熱情的支撐，馬雲就好像一個神奇的造夢者，將夢想變成了現實。

馬雲擁有永遠年輕的靈魂，所以他能創造一個又一個奇蹟，刷新一項又一項紀錄。馬雲並不因此而停止前進的腳步，在馬雲看來這些都不算什麼，他要的永遠不是現在，而是未來。馬雲說，希望他六十歲的時候，還能和現在這幫做阿里巴巴的老傢伙站在橋邊，聽新聞媒體報導阿里巴巴今年又創造了什麼奇蹟、員工的分紅又漲了多少、股票繼續往上漲……「那時候的感覺才叫真正成功。」馬雲如是說。

chapter 44

在錯誤面前，面子一文不值

馬雲：「對中國電子商務來講，任何一次小小的失敗都是成功的，退出『招財進寶』是我們有史以來最大的進步。」

俗話說：「金無足赤，人無完人。」在這個世界上，不可能存在十全十美的人，每個人都會犯錯誤，馬雲也不能例外。面對錯誤，馬雲的態度是：正視錯誤——迅速糾正——不犯同樣的錯誤。他從不會為自己所犯的錯誤做任何辯解，而是勇敢地承認錯誤，尋找正確的解決方法。馬雲認為，經營企業犯錯是不可避免的，但這些錯誤不是一堆垃圾，而是一筆寶貴的財富。

眾所周知，淘寶網是阿里巴巴旗下的支柱產業，截至二〇〇九年年底，已經擁有一・七億註冊會員，每天都會有眾多使用者在上面進行交易。二〇〇六年五月十日，淘寶網推出競價排名服務「招財進寶」，這是一種增值服務，賣家自願就所售商品的關鍵字出價，當買家按關鍵字搜索商品時，使用這種增值服務的賣家商品在搜索結果中會優先顯示，從而更利於其商品的銷售。

淘寶網推出這項服務，本意是希望更有效管理越來越多的登錄商品，並讓願意付費的賣家更便於推銷自己的商品。但是，有的賣家認為這與此前淘寶網兩次承諾的三年不收費相衝突，因不滿「招財進寶」的變相收費，許多賣家開始籌畫一場無形的「暴動」。

在「招財進寶」推出後的短短二十天內，就有六千名賣家在網上簽名，聲稱要在六月一日集體罷市，並且要將店中所有商品撤下、提光支付寶帳戶中全部資金，同時集體跳槽到其他個人電子商務網站。

作為「招財進寶」的主要策劃人，馬雲沒有想到會出現這樣混亂的局面。當事件發生後，為了平息眾怒，他首先對「招財進寶」的價格進行了調整。與此同時，馬雲立即發表署名文章，就淘寶網和用戶溝通的問題致歉，並表示免費三年的承諾沒變。同時他還說明：目前淘寶有兩千八百萬件商品，不久甚至會有五千萬件；如果按照商品上線的時間來決定商品位置，那麼較晚上線商品的交易機率將大大降低。淘寶希望透過這個服務維持正常的市場秩序，透過「看不見的手」調節優化市場環境。但是眾多用戶對這些說明和舉措並不買帳，反對聲浪並沒有因此而平息。

此時此刻，馬雲已經意識到如果不能妥善處理這場危機，將對淘寶網以後的發展造成災難性的影響。於是，他果斷做出決定：既然淘寶是大家的淘寶，那就發起投票，由大家來決定「招財進寶」的生死。

五月三十一日晚間，淘寶網發出了一份緊急通知，宣布從六月一日至六月十日，將進行為期十天的網路公投，由淘寶用戶來決定是否保留「招財進寶」專案。六月十二日，投票結果公佈，在二十多萬的投票結果中，三九%的用戶贊成保留，六一%的用戶支持取消。隨後，淘寶網發佈致網友的公開信，稱將於十二日起取消剛滿「週歲」的招財進寶。

在公開信後的三百二十三頁回覆中，大多數網友對淘寶「重視店主意見表示欣慰」，願繼續「淘寶」。這次「招財進寶」危機最終畫上了圓滿的句點。

自己的「孩子」由自己親手「殺死」，這樣的壓力並不是每個人都能坦然承受的，但馬雲卻做到了，這份膽魄也確實令人讚賞。他並不認為自己丟了面子，因為他知道，在錯誤面前，面子一文不值。

有人認為，錯誤之於企業，就如同疾病之於身體，是不可避免的。有的企業在「疾病」來襲時或束手無策、或隱瞞「病情」，最終病入膏肓，無藥可醫；有的企業卻能及時「醫治」並最終康復，因此增強了免疫力，身體也變得越來越好。毫無疑問，阿里巴巴正是後者，透過這次「招財進寶」危機的化解，我們看到了一個成熟的阿里巴巴。

chapter 45

不必面面俱到，只要重點突破

馬雲：「發展戰略最忌諱面面俱到，一定要記住重點突破，所有的資源集中在一點突破，才有可能贏。」

與人合作能夠降低風險，所以很多企業家願意找合作者，借助彼此的力量來實現自己的目標。但結盟合作也是需要仔細考量的事情，選擇一個好的合作夥伴是很重要的。與好的合作夥伴結盟能提升自己，令自己在原先的水準上更上一層樓。

二〇〇五年，馬雲選擇與搜狐合作，那一年的四月十二日，淘寶網宣布與搜狐結成戰略聯盟，雙方共用各自的用戶群，實體虛擬共同合作，推動中國網路購物的進步。搜狐與淘寶網的結盟，實現了優勢互補、資源共享。

搜狐公司的董事局主席兼CEO張朝陽十分看好與淘寶網的合作，他表示：「此次搜狐與淘寶的合作，為蘊含豐富商機的C2C產業提供了一個嶄新的合作模式。透過與淘寶網的合作，將為搜狐龐大的用戶群提供一個安全且有保障的線上交易場所，這不僅有利於進一步鞏固雙方在網友心中的形象及地位，更將促進電子商務的迅速發展。此外，支付問題一直是困擾中國電子商務發展的重要瓶頸，我們驚喜地看到，淘寶網『支付寶』的推出，為網路交易安全提供了一種新的解決辦法。眾人將持續關注『支付寶』，並尋求未來的合作機會。」

淘寶網與搜狐合作可以說是雙贏的。作為當時中國最知名網路品牌之一的搜狐，擁有千萬的註冊用戶和巨大流量，淘寶可以借助搜狐的網路平台，吸引搜狐的用戶來註冊淘寶；而淘寶作為中國最大的個人交易網站，擁有很多中國同類網站不具備的品牌優勢和技術優勢，搜狐能借助淘寶豐富自己的網站內容，為使用者提供更多服務。

在與搜狐結盟後，淘寶網可以說獲得很大的利益，馬雲表示：「淘寶網看好搜狐在入口網站領域的領先優勢以及強勁佈局。」與這樣大的入口網站結盟，能夠令淘寶網吸引有更多的潛在用戶。而且強強聯合，對淘寶網未來的發展也是很好的引導。曾有人指出，商業合作就是一種博弈，選擇合作對象也是有學問的。搜狐當時選擇與淘寶網合作，而不是與已經很有名氣的 eBay 易趣合作，是因為搜狐看中淘寶網更具中國本地優勢。事實證明，搜狐做出這個選擇相當明智。

chapter 46

「活著」是最重要的戰略

馬雲：「一個公司在兩種情況下最容易犯錯誤：第一是有太多錢的時候；第二是面對太多機會的時候。一個CEO看到的不應該是機會，因為機會無處不在，一個CEO更應該看到災難，並把災難扼殺在搖籃裡。」

正確的戰略方針對一個公司的發展至關重要，馬雲在阿里巴巴發展初期，因為一次重大決策失誤，也就是過分追求國際化和過早實施海外擴張，導致了阿里巴巴差一點活不下去，險遭破產。

二〇〇〇年時，躊躇滿志的馬雲，帶著融資得來的幾千萬美元，決心大幹一場，將阿里巴巴成功擴展到海外去。二〇〇〇年二月，馬雲率領著一隊人馬殺到了歐洲，他在歐洲放出豪言：「一個國家一個國家地殺過去。然後再殺到南美，再殺到非洲。九月份再把旗插到紐約，插到華爾街上去，告訴他們：嘿！我們來了！」

可是，九月份到了，阿里巴巴並沒有發展到紐約，馬雲為他急進的擴張付出了代價。二〇〇〇年，在這個阿里巴巴成立還不到兩年的時間裡，阿里巴巴進入高度危險的狀態。為了適應國際化要求，馬雲募集了世界各地的高級人才，這些人有的是來自跨國公司的管理人才，有的是畢業於名校的高材生。

一般來說這樣優秀的人才為阿里巴巴服務，阿里巴巴應該發展得很快。但事實並非如此，用馬雲的話來說：「五十個聰明人坐在一起，是世界上最痛苦的事情。」這些世界各地的精英，每個人都有自己的理念，他們各執一詞，每次開會，都會爭執得不可開交。

每個人都有每個人的道理，作為決策者的馬雲被折騰得頭疼不已。除此之外，馬雲將阿里巴巴的伺服器和技術大本營都放在了美國矽谷，讓成本變得奇高。與此同時，英國、韓國、日本還有澳大利亞的辦事處也一個一個都在籌建，馬雲認為：「在公司的管理、資本運用及全球的操作上，要毫不含糊地全盤西化……阿里巴巴要的是放眼世界，挑戰世界，真正做到打進全球市場。」

一開始，馬雲這樣做，的確為阿里巴巴帶來了許多關注，表面看起來，阿里巴巴正在迅速成為國際化的大公司。但暗流洶湧，馬雲的日子並不好過，在阿里巴巴急於對外擴張的這段時間裡，花費巨大。每個辦事處的開銷都是天文數字，很快，在二〇〇〇年年底網路泡沫破裂時，阿里巴巴的賬上只剩下七百萬美元了。

當時大量的網際網路公司倒閉，依照這個趨勢發展下去，阿里巴巴很快也會走向消亡。馬雲痛定思痛，毅然決定停止擴張，全球大幅度裁員，為了休養生息，留住元氣。阿里巴巴這一次「壯士斷腕」行為——回到中國——需要很大勇氣和魄力。

雖然停止了擴張，但阿里巴巴在兩年內花了鉅資，卻未能盈利的現狀，令公司員工產生了動搖，很多人對公司前景感到擔憂，公司上下出現離職潮。馬雲全力安撫員工，他為公司員工規劃了阿里巴巴未來的目標與計畫，馬雲提出了切實的點子，這樣才慢慢地讓員工躁動不安的情緒安定下來。

但同時，他也表示：「如果認為我們是瘋子，請你離開；如果你只是要等上市，請你離開；如果你帶著不利於公司的個人目的，請你離開；如果你心浮氣躁，請你離開。」

馬雲總結這一次失敗的原因時說道：「網際網路上失敗一定是自己造成的，要不就是腦子發熱，要不就是腦子不熱，太冷了。」

危機來臨，馬雲為了保住公司而大幅裁員，這個動作讓很多人不理解他的企業戰略是什麼。但馬雲自己說：「戰略有很多意義，小公司的戰略簡單一點，就是活著，活著最重要。」

chapter 47

以奇招制勝

馬雲：「我們知道當時只要敲幾個鑼，就可以圍那麼多人，鑼敲得好，戲怎能演不好？敲鑼都敲出花來了。」

在二〇〇〇年的時候，網際網路出現泡沫危機。馬雲仔細分析了當時的局勢，想要找出網際網路下一步發展的趨勢。一閃念間，他想到要將網際網路行業中的意見領袖請來杭州，辦一場西湖論劍。

所謂西湖論劍，就是邀請ＩＴ界的知名人士來到西湖畔，共商發展大計。例如搜狐的張朝陽、新浪的王志東、網易的丁磊等人都在馬雲邀請的名單上。但當時的阿里巴巴還只是一家名不見經傳的小公司，馬雲本人的號召力也不夠，如何能順利請到這些ＩＴ界的名人呢？

馬雲出的是奇招，他邀請金庸主持這場西湖論劍。金庸是無人不知、無人不曉的武俠作家，他的作品令無數人為之傾倒著迷。馬雲也不例外，他從小就是金庸迷，這一次的西湖論劍也是從金庸的武俠小說中得到的靈感。

可僅憑自己是金庸的粉絲，金庸就能答應來參加這一次會議嗎？當時有不少人對馬雲提出了疑義。馬雲自己對此也沒什麼把握，但他思前想後，決定還是要試一試，賭一把再說；更何況此前馬雲和金庸有過一面之緣。

馬雲是在香港與金庸結識的。馬雲將阿里巴巴總部設在香港後，他自己也會去香港上班。在香港的一次記者會上，有記者問馬雲最崇拜的偶像是誰，馬雲如實回答是金庸。那位熱心的記者說自己有位朋友認識金庸，可以幫馬雲聯繫，讓他與金庸見上一面。

聽起來像是玩笑話，但幾天之後，那位記者真的辦成了這件事，在一家名叫「鏞記酒家」的餐廳，馬雲見到了他的偶像金庸。他和金庸相談甚歡，一談就是三個多小時，馬雲侃侃而談，金庸對他也是十分欣賞。當時阿里巴巴的市場部副總裁 Porter 跟馬雲說：「看上去不是你崇拜金庸，倒像是金庸崇拜你。」最後，金庸還寫了幅字送給馬雲——「神交已久，一見如故」。

有了這份機緣，馬雲想請金庸來幫他主持西湖論劍，也算是有了一些希望。對於馬雲的盛情邀請，金庸欣然答應。有了金庸的招牌，馬雲籌畫的西湖論劍立刻聲名大振，吸引了網易CEO丁磊、北京時代珠峰科技有限公司（my8848網）董事長王峻濤、搜狐董事局主席兼CEO張朝陽、新浪總裁兼CEO王志東。在二〇〇〇年九月十日，五家網站掌門人以「新千年、新經濟、新網俠」為主題，展開了精彩的討論。

能夠與這四大入口網站一同「論劍」，不能不說馬雲拉金庸做招牌這步棋走得妙。在此之前，阿里巴巴和馬雲還未被人們熟知，甚至被忽視。後來馬雲曾回憶說：「一九九九年、二〇〇〇年、二〇〇一年，大家很少在中國市場聽到阿里巴巴的名字，我們基本上是在歐洲和美國活動。我們在歐洲和美國作了很多演講。我記得最慘的一次演講是二〇〇〇年，我們在德國舉辦的，一千五百個座位結果只來了三個人，我感到很丟臉，但還是發表了演講。」

而金庸的到來，吸引了上百家媒體的目光，他們追隨金庸，一起聚集在杭州，阿里巴巴和馬雲也在大眾面前高度曝光。可以說金庸的到來，為馬雲和阿里巴巴做了一次免費的大型宣傳。

Lesson 11 金錢觀——想賺錢，要先把錢看輕

chapter 48

錢太多，就失去價值

馬雲：「我一直認為不管做任何事，腦子裡不能有功利心。一個人腦子裡想的是錢的時候，眼睛裡全是人民幣、港幣、美元，全部從嘴巴裡噴出來，人家一看就不願意跟你合作。以前沒錢的時候，每花一分錢我們都認認真真考慮，現在我們有錢了，還是像沒錢的時候一樣花錢，因為我們今天花的錢是風險資本的錢，我們必須為他們負責任。」

馬雲向來不是貪心的人，關於他不貪心的一個例子，至今提起來還讓人不可思議，津津樂道。在馬雲與孫正義談妥了三千萬美元的投資後，馬雲回到杭州，在董事會上宣布了軟銀投資阿里巴巴的計畫。大家經過一番激烈討論後，認為軟銀占三〇％的股份太多了，這樣會造成股東結構不平衡，為阿里巴巴日後的發展埋下隱憂。

馬雲冷靜思考之後，也為在日本的決定感到後悔，「我要那麼多錢幹什麼呢？這真是太愚蠢了」。想清楚利害關係後，馬雲立刻打電話給孫正義的助理，告訴對方自己不需要這麼多錢，只要兩千萬美元就夠了。孫正義的助理聽完馬雲的話，差點跳起來，他還從來沒有見過嫌錢多的人。「這簡直是一件不可思議的事情，我們投資的錢，你竟然嫌多，你這是在賭博，這樣是無法談下去的。」

面對孫正義助理的質疑，馬雲如實答道：「是的，我在賭博，但我只賭自己有把握的事。儘管我目前控制的團隊不超過六十人，掌握的錢最多只有兩千萬美元，但兩千萬美元我管得了，過多的錢就失去了價值，對企業是不利的，所以我不得不反悔……」

因為與孫正義的助理爭執不下，馬雲只好發了一封電子郵件給孫正義，他說：「希望能與孫正義先生牽手共同闖蕩網際網路……如果沒有緣分合作，那麼還會是很好的朋友。」發出這封郵件沒幾分鐘後，孫正義就回覆了：「謝謝您給了我一個商業機會，我們一定會使阿里巴巴名揚世界的。」

最終，孫正義投資阿里巴巴兩千萬美元，這件事情畫上了句號。阿里巴巴的首席財政官蔡崇信說：「這是孫正義投資經歷中讓步最多的一次。」這是一個離奇的故事，到手的幾千萬美元拱手還給別人，這也是一個簡單的故事，花自己該花的錢，做自己該做的事。花最少的錢，做最有效的事情，就是馬雲一直以來堅守的理念。

chapter 49

自己的錢很珍惜，別人的錢很小心

馬雲：「《三國演義》中的周瑜就是眼光很厲害，胸懷很小，所以被諸葛亮氣死了，宰相肚裡能撐船，說明宰相能吸納很多怨氣，像周總理，每天抱怨他的人肯定很多，他不可能每天跟人解釋，只能做，用胸懷跟人解釋，每個人的胸懷是靠冤枉撐大的。」

有一份針對企業界人士的調查結果顯示，浙商是當今中國最會賺錢的商人。浙商嗅覺敏銳，能捕捉到各種商機；他們聰明機靈，能夠在商海沉浮中應對自如。在網際網路行業中，丁磊、錢中華、陳天橋都是浙江人。馬雲也是浙江人，他也有著浙商務實、敏銳的特性，這對他的創業是有很大幫助的。

在阿里巴巴創業初期，馬雲和創業團隊湊的那五十萬元根本不夠花，現在負責阿里巴巴集團公關、政府事務、市場活動，擔任集團資深副總裁的金建杭說那五十萬元本打算是堅持十個月的，可離十個月還早呢，錢就花光了。

在馬雲籌錢、公司缺錢的那段日子，為了壓縮公司的運營成本，本來就要求節儉的馬雲對公司的成員開支更是節省。那時候彭蕾是公司的出納、採購員，負責公司的一切花銷。被馬雲稱為「組織部長」的她，當時更像個打雜的。

「那個時候沒有什麼分工，哪個工作缺人，你又能做一點，就去做。其實我就是管錢的，買盒飯，影打印紙沒了買紙，就管這個。因為那個時候沒有公司。公司是一九九九年九月十日正式成立的，之前我是做客戶服務、出納。」這是彭蕾當了阿里巴巴的副總裁後，回憶當年創業艱辛時說的話。

買辦公用品時，彭蕾總要貨比三家，儘量買到物美價廉的東西，讓每一分錢都花在刀口上。辦公用品都如此節省，出門交通工具就更別提了，公司沒錢購車，員工出門能走路就走路，能坐公車就不叫計程車。如果必須叫計程車，那也儘量叫最便宜的計程車，儘量不坐福斯桑塔納（Santana），而坐中國本土的夏利汽車，因為桑塔納比夏利貴一塊錢。金建杭說：「我們叫車，一看是桑塔納，本來手都舉起來了，就跟計程車司機聊上幾句打發過去，直到看見夏利才坐上去。」

後來，這種節儉的傳統就一直在阿里巴巴公司延續了下來，曾經共同創業的同事，如今都成了公司高層，他們出差坐飛機很少坐頭等艙，打車也儘量選便宜的。在阿里巴巴辦公室門口的影印機上放著一個存錢筒，旁邊牆上白紙黑字寫了很長的影印機使用規定，在這份規定中明確寫到個人因私事複印每張五分，自助投幣。

在阿里巴巴找到投資後，公司也保持了這種風氣。金建杭說：「因為公司成本控制得越好，給客戶提供的價值就越大，這個習慣大家還是保持得不錯，無論有錢沒錢；沒錢這麼過，有錢也這麼過。」

chapter 50

讓別人去挖金礦

馬雲：「阿里巴巴發現了金礦，我們絕對不會自己去挖。我們希望別人去挖，他挖了金子給我一塊就可以了。很多人喜歡牢牢守住金礦。我們幫助別人發財，別人發財了，我們才能發財，因為我們所需要的並不多。」

「馬雲財散人聚的能力不比我老牛差，我是阿里巴巴薪資報酬委員會的主席，我發現馬雲大手筆分錢的能力非常強。也因為他的分享能力，所以財散就能人聚。」這是在阿里巴巴上市的「滿月酒會」上牛根生對馬雲所作出的評價。

二〇〇七年十一月六日對馬雲來說是一個難以忘懷的日子，因為他的阿里巴巴終於在香港上市，這是自阿里巴巴在杭州成立以來的第八個年頭。至此，阿里巴巴成為國內外媒體爭相報導的「中國最賺錢的」網際網路公司。

很多人都知道，馬雲是從五十萬元人民幣開始起家的，直到阿里巴巴在香港上市這一天，已經擁有二百億美元的市值。那麼，究竟是一種什麼樣的信念讓馬雲堅持走到了今天呢？用他最樸實的原話來說就是：「讓天下沒有難做的生意。」

阿里巴巴的B2B即是為中小企業實現電子商務交易而服務的模式，這種模式自一開始就受到權威人士的好評，並且與亞馬遜B2C模式、雅虎入口網站模式和eBay的C2C模式並稱為當今網際網路的「四大模式」。其實這種B2B模式曾經在美國失敗過，但馬雲在中國運用得很成功。從某種意義上來說，阿里巴巴所開創的時代正代表一著種里程碑。

此外，隨著中國在二〇〇一年成功加入世貿組織，馬雲推出了「中國供應商」服務以及「阿里巴巴推薦採購商」服務，並與通用電器、Sobond、沃爾瑪以及Markant等合作，進行網際網路跨國採購。

也是這一年，阿里巴巴推出了誠信通這種企業級網際網路信用管理產品，領先於世界。美國學術界甚至為此掀起了一股研究阿里巴巴的熱潮，阿里巴巴的管理模式也成了哈佛商學院的MBA案例之一。

資料顯示，阿里巴巴在中國市場的佔有率已超過五〇%，並且成為了全球最大的B2B電子商務網站。其註冊用戶人數截至二〇〇七年上半年達到了二千五百萬。

此外，阿里巴巴曾連續五年被《富比世》評選為全球最佳B2B網站之一，並且榮獲了國內外各項榮譽，被媒體贊為與eBay、Amazon、Yahoo和AOL具有同樣實力的商務典範，是「真正的世界級品牌」。

阿里巴巴在香港上市的當天，其市值已經超過了二百億美元，馬雲當日的收盤身家也達到了一百四十億港幣。最讓人不可思議的是，阿里巴巴內部員工也普遍實現了「一夜致富」，被稱為中國網際網路史上成功的集體造富運動。

然而，這次由阿里巴巴上市引發的大規模造富運動，卻沒能讓阿里巴巴內部產生一名首富，這是因為馬雲手中的股份還不到五%。對此，馬雲是這樣認為的：「從第一天開始，我就沒想過用控股的方式控制，也不想自己一個人去控制別人。這個公司需要把股權分散，這樣，其他股東和員工才更有信心和幹勁。」

chapter 51

要解決問題，而不是賺錢第一

馬雲：「不解決安全支付的問題，就不會有真正的電子商務可言。」

淘寶網在不斷成長的同時，發現了一個使用者在網上購物普遍擔心的問題，那就是網路支付的安全性。如果能解決網路支付的安全問題，那就會在中國的電子交易市場大獲成功。華爾街的投資者曾經預言，誰在支付上掌握了主動權，誰就掌握了中國的電子商務市場。

馬雲也認定，安全支付是個大問題。為了讓消費者能安心在淘寶網購物，他在淘寶網設立了多重安全防線：賣家要想在淘寶網上開店，就要先透過公安部門驗證身份證資訊；後來隨著科技的進步，有了手機和信用卡的認證；淘寶網有信譽記錄，如果有欺詐的行為，就會被記錄在案。

但馬雲認為這些還遠遠不夠，網路安全支付的問題將會是電子商務的一場持久戰，馬雲決心繼續打這場仗。他的團隊一直秘密地進行研發，支付寶的橫空出世正是在這樣的背景下應運而生的。

從購物網站和使用者數量的不斷增加可以看出，網路購物已成為現代人不可逆的生活型態。到二〇〇四年的時候，成立不到兩年的淘寶網就擁有四百五十萬的註冊用戶，每月高達一億多元的交易額。這些都是令人欣喜的成績，但馬雲沒有沉浸在因商業成功而賺到錢的喜悅中，反而更加注意網路安全支付的重要性。

支付寶在二〇〇三年試行推出後，取得了不錯的迴響，到二〇〇四年的時候，使用支付寶進行網路支付的人已經占了淘寶網用戶一半的比例。之後，支付寶不斷改進升級，在二〇〇五年的時候，推出支付平台alipay網站，將支付寶做成國內電子商務線上支付的技術標準。

支付寶面對的顧客不再是阿里巴巴和淘寶網的用戶，同時還為其他電子商務公司的客戶提供服務。不但如此，阿里巴巴還打出了「全額理賠」的口號，稱對於使用支付寶而受騙遭受損失的使用者，將全額賠償其損失。

馬雲信誓旦旦：「不是賠個幾百幾千，如果真的受騙了，一億我們也會賠。」

全額理賠成為電子商務範圍內的先例，之前從未有商家這樣做過，因為冒的風險太大。但馬雲卻認為風險會被控制在一定的範圍之內，不會出現差錯，而且退一萬步來講，就算是需要理賠，那幾億還是賠得起的。總之，既要保障客戶資金的安全，又要說話算話，履行承諾。

除了全額理賠，還免收異地匯款的手續費。人們對馬雲又一次刮目相看：作為一個商人，卻並不以賺錢為第一目的。正如淘寶網執行總經理孫彤宇所說：「支付寶是二〇〇三年十月推出的，我們現在回想，如果沒有支付寶這種安全交易媒介的話，那麼中國電子商務市場不會那麼成熟。馬雲想解決的，是整個中國電子商務中的支付問題，而不是僅僅給淘寶網找一個支付的解決方案。」

Lesson

12 生活態度——人生在世是做人，不是做事

我覺得人生是個經歷，不管你多厲害，你一輩子就三萬六千天的旅程，到這個世界上不是要做事業的，不是來成就宏圖大業的，你是來生活的。在生活中，你見了那麼多同學、那麼多朋友、那麼多同事，有父母、有太太、有孩子，這些是人生中的經歷。那些痛苦的經歷也是經歷，看清楚了就那麼回事，如果離開世界的時候，你沒有後悔；如果社會給了你很多機會可以做很多事情，Enjoy it。

chapter 52

記住別人的好，忘記別人的壞

馬雲：「今後要永遠把別人對你的批評記在心裡，別人的表揚，就把它忘了。」

當一個人回首走過的人生路時，無論他是二十歲、三十歲還是五十歲，也無論路上是否佈滿了荊棘，他都會記得那些曾經幫助自己越過困苦的點滴恩情。盧梭曾說過：「沒有感恩就沒有真正的美德。」因為一個不懂得感恩的人，往往也對他人的痛苦沒有感覺。

阿里媽媽是阿里巴巴旗下的網路行銷平台，馬雲曾公開表示過，創建阿里媽媽的初衷並不是為了自己盈利，相反，他是為了表達自己對當初支持阿里巴巴和淘寶的中小網站感激的一種方式。

在眾人的眼中，馬雲的阿里巴巴創造了令世界矚目的成就，可是大家沒有看到阿里巴巴在艱難時期，那些給予過馬雲支持的人。阿里巴巴創建的時間還不長，對一個已發展幾十年甚至上百年的成熟企業來說，它還是一個稚嫩的孩童。假如沒有投資者的信任和幫助，僅憑自身的力量，那這個孩童又如何能夠一路成長呢？

淘寶網現在已是一個人盡皆知的大型交易平台，也是阿里巴巴的支柱產業。然而，在今日輝煌的背後，卻是曾經的那些困難和風浪。那時候，國際巨頭幾乎將所有大型網站的廣告都買斷，這也就意味著淘寶網處於一個被軟禁的境地，舉步維艱。萬般無奈之下，馬雲不得不找到眾多中小型網站，並向這些網站請求幫助。

試想，如果當時那些中小網站沒有及時地伸出援手，那麼今天的阿里巴巴還會存在嗎？當然不會。所以，馬雲今日的成功從某種程度上來說是那些中小網站所給予的。若不是它們，阿里巴巴也不會突破重圍，在險惡的環境中成長。

一直到成功之後，他依舊記得自己在困境中接受過的種種幫助，甚至於回報這些中小網站成為了馬雲的一個心願。在他看來，中國的網際網路想要健康持續地發展下去，就不能完全由幾個大型網站壟斷和控制，而是要由各種中小企業參與競爭，形成良好的網路生態環境。為了這個目的，也為了回報讓他「起死回生」的眾多中小網站，馬雲無論如何也要支持它們的發展。於是在這樣的背景下，誕生了阿里媽媽。

馬雲明確地表示過，他不在乎阿里媽媽能否為他帶來收益，他所看重的是，阿里媽媽能否創造一種合理的盈利模式，能否讓中小網站獲利。而阿里媽媽創建後得到的一系列「數據」

表明，馬雲再一次成功了。

「記得別人的好，忘記別人的壞。」這是馬雲一生堅守的座右銘，也是造就他今日成就的品格之一。

chapter 53

該出手時就出手

馬雲：「If not now, when? If not me, who?」（如果不是現在，是什麼時候？如果不是我，那麼是誰呢？）

「我從小很瘦小，但是很會打架。」成年後的馬雲，回想起兒時往事時，如此總結道。

馬雲不愛打架，但從不畏懼打架。雖然馬雲身形瘦弱，但只要別人欺負了他、惹惱了他，不管對方多麼高大，馬雲都會第一時間衝上去與其一較高低。

因為打架，馬雲不但多次受傷，還常受到學校處分、受到父母責罵，但馬雲卻不肯「悔改」，不但為自己而戰，大多數時候，更是為朋友打架。有一次，因為幫朋友打架，馬雲的身上竟然縫了十三針之多。

馬雲或許有功課不好、總是打架的缺點，卻忽視了他身上值得尊重的一種品質——勇氣。正是因為勇氣，令馬雲一直前行，從不妥協。勇氣是一種無畏的力量。

馬雲功課很差，唯獨英語卻很棒。這得益於他的一位國中地理老師。那位老師有一次在課堂上說起自己經歷的一件事情：一次在西湖邊上，幾個外國遊客向她問路，她用流利的英語為這幾個外國人指明了路線，還介紹了杭州的景點，外國遊客連連向她道謝。這位地理老師因此說，不但要學好地理，更要學好英語，不然當有外國人問你的時候，答不上來，多給中國人丟臉。

說者無心，聽者有意。馬雲將老師這段不經意的「閒話」放在心上，他拿零用錢買了一台小收音機，開始奮發苦練英語。馬雲每天堅持聽英文廣播，去西湖邊找外國人對話，練習口語。

馬雲「厚著臉皮」找老外對話，也不怕別人笑他英語不好。他只有一個念頭：只要給我說英語的機會，別人怎麼說都不重要。正是憑著這股勇氣和日復一日堅持的毅力，馬雲的英語水準突飛猛進。國中時，他就已經能騎自行車帶外國遊客跑遍杭州城了。

經常出去做導遊，和老外對話，不僅讓馬雲的英語水準提升，更讓他接觸了不同的世界觀、人生觀。馬雲後來回憶：「在和這些外國人互動的過程中，我發現外國人的想法和我受的教育有很大不同，讓我瞭解到外面還有另一個完全不同的世界。」

如果一開始面對挑戰或者失敗時就因為恐懼而退卻，放棄再次嘗試的機會，那就不可能讓成功之神的青睞。如果馬雲不是在一次次被人欺負就全力反擊、捍衛尊嚴，就無法練就他堅強的心性。如果馬雲不是一次次地苦練英語，與外國人交流，就無法為日後的事業埋下種子。

失敗，不是停滯的理由。不甘平凡，挑戰自我，下定決心，在該出手時就鐵了心去做，你可能會面對與之前所想完全不同的局面。無論人生走到哪一種境地，只要你還有勇氣，那就是成功的一大資本。

chapter 54

有智慧的人用心說話

馬雲：「愚蠢的人是用嘴來說話；聰明的人是用腦子來說話；智慧的人是用心來說話。」

語言是有魔力的，在一些平淡無奇的言談中，巧妙地加入一些語言技巧，就能令一場普通的談話變得妙趣橫生。一些成功者之所以能成功，除了自身技能和素質之外，口才了得也為他們加分不少。很多成功的商人都有好口才，如小米科技創辦人雷軍，還有阿里巴巴的馬雲。

從馬雲身上，可以看到語言的魅力無處不在。想要成為事業上的強者，就必須掌握說話的技巧。其關鍵就在於一個「精」字，話說得太多並不見得是一件好事，不但浪費時間，還會錯過機會。「精」不但要語句精煉，還要提煉意思，要用幾句話就能夠說服對方。作為一個企業的領導者，如果能夠講出精煉而又有品質有分量的話，對企業的員工是有很大幫助和鼓勵的。

馬雲在這方面就做得很好，他言辭幽默，也不乏睿智。在阿里巴巴剛起步的時候，由於當時人們對網際網路還不瞭解，有些人甚至一竅不通，所以阿里巴巴徵人很困難，公司幾乎招不到人。針對這種情況，馬雲開玩笑地說：「把大街上能走路的都招進來了。」

後來，阿里巴巴遭遇了第一次網際網路泡沫危機，馬雲思慮良久，決定退守杭州，他身邊很多人離開公司去創業，當然，成功的寥寥無幾。而當時選擇和馬雲一起退守的人，隨著公司的發展壯大，成就也越來越大。馬雲這時候又說：「其實，留下來的人也不全是有眼光的，相反，他們不知道自己離開阿里巴巴還能找到什麼其他工作，所以就留了下來。」

從馬雲的這些看似漫不經心的玩笑話裡，我們能看出他的智慧與幽默。馬雲在道出了事實的同時，又表達了對自己團隊的感恩，感恩他們不離不棄的陪伴。

馬雲的成功離不開這些「妙語」，從這些智慧與現實相結合的話語中，可以看出馬雲特立獨行，卻值得人們深思與玩味的財富人生觀。

chapter 55

不要先學做事，先學做人

馬雲：「我跟自己講，我們到這個世界上不是來工作的，我們是來享受人生的，我們是來做人的，不是做事的。如果一輩子都在做事，忘了做人，將來一定會後悔的。不管事業多麼成功，多麼偉大，多麼了不起，記住我們到這個世界上就是要經歷體驗人生，忙著做事，一定會後悔。」

馬雲從小就愛管閒事，喜歡為朋友兩肋插刀，在所不辭。在馬雲大學三年級的時候，他的一位同學因為犯了點錯誤，被取消了研究所考試資格。這件事被馬雲知道後，他熱心地幫這位同學去向校方求情，希望能夠給這位同學一個機會。

校方在馬雲的求情下，經過仔細思量，最終還是同意這位同學參加研究所考試。這位同學透過這次來之不易的機會，考上了研究所。

後來，那位考上研究所的同學，對馬雲的這次幫助並未表現出特別的感激之情，甚至在畢業之後，都不再與馬雲聯繫。馬雲對這件事情也並未放在心上，他依然還是將朋友的事情當作自己的事情，而且遇到自己看不過眼的事情，就會挺身而出。

一九九五年，馬雲剛剛開始創業。一天晚上，已經八點多了，馬雲騎著自行車去公司的路上，看到前面有幾個人在抬井蓋。馬雲心想，這些人是在偷國家的財產吧。他往四周張望，想找幾個路人和自己一起阻止那些偷井蓋的人，但路上的人似乎並不想惹上麻煩。

馬雲騎著自行車，來回繞了幾圈，他看著前面幾個偷井蓋的人高馬大，覺得不能就這樣走掉，於是衝著那幾個人大喊一聲：「你們給我放回去！」

這時，從旁邊走出一個男人來和馬雲交談。談了幾句之後，那個男人讓馬雲回頭看，馬雲才發現藏在不遠處的攝影機。原來這是一個測試活動：就是想看看走過這條路的人，遇見這種事情時，會做出什麼反應。

馬雲的表現，自然是通過了測試。後來馬雲說自己當時也覺得害怕，畢竟對方是好幾個人，如果逃不掉，很可能就會挨揍；但看到他們在偷國家的財產，就這樣視而不見地走開，實在是對不起自己的良心。

耿直的馬雲一直都是這樣的脾性，即便是在他成為了知名企業家之後，也依然認為要先做人，再做事。馬雲說：「做人遠比做事重要得多。想要把企業經營好，首先要學會做人，把基本的待人接物、敬業精神都學會，才能將事情做好。」

馬雲有一次去參加北京世界經濟論壇，那次會議一共有五個人上台演講，但台下的聽眾認真聽的很少，他們不是在聊天，就是在打電話，而且還特別大聲。馬雲當時在下面覺得十分丟人，他說：「小企業家成功靠精明，中企業家成功靠管理，大企業家成功靠做人。」但是，在那次會議上，聽講的企業家連起碼的禮貌都不懂，還談什麼做大企業呢。所以，馬雲一直強調，無論是經營企業，還是做其他事業，做人都應該擺在第一位。

馬雲是一個做人做得很成功的人，他不為個人的得失而憤憤不平，也不會對一些人情世故上的小事斤斤計較。在馬雲創業初期，有一天，忽然有一個人跑到深圳找到馬雲，這個人就是當年那個考上研究所的同學。他現在在一家外資公司工作，那位同學激動地對馬雲說：「我聽說了你的消息，特地來深圳找你的。」

馬雲對此也很欣慰，他說：「雖然有過被出賣和利用的傷痛，但我相信有一顆善良寬容的心，總是能交上幾個真誠的朋友。」馬雲一直保持著寬容平和的心態，所以，在商場的潮起潮落中，才能不斷向前，他不會因為失敗而放棄，也不會因為成功而迷失。對於馬雲來說，成功不過是外界對自己的一種評價，而他想做的事情太多，只要自己做到了，人生就是圓滿的。

chapter 56

把機會讓給年輕人

馬雲：「『馬雲』只是一件袈裟，披上它就變成了『馬雲』。『馬雲』是一個符號，一個有人愛也有人恨之入骨的人。做這樣一個人，心理承受壓力的能力要很好。我希望的是，馬雲不要被『馬雲』綁架了，那樣會累死自己。」

二〇一三年，馬雲鄭重宣布退休。

馬雲在退休前說：「真正的偉大是平凡的。我們要永遠明白自己從哪裡來，到哪裡去。我就是一個小混混。」

二〇一三年五月十日，馬雲與李連杰一起為太極館揭幕。在兩年前，馬雲就和李連杰一起成立了太極禪國際發展公司。馬雲對太極的迷戀程度很深，他不但打太極鍛鍊身體，也常常從太極這項運動中獲得哲學上的思考，比如陰陽兩界、收放進退等。

退休這件事，就是馬雲從太極中得到的「放」的思考：「有時候人會太在乎自己，太想得到一些東西。人要成功，一定要有永不放棄的精神，然而，當你學會放棄的時候，你才開始進步。」

按照馬雲的說法，為了辭去阿里巴巴的CEO，他思考了九年，計畫了六年，實行了三年。他在二〇一三年沒有在公司待很長的時間，都是讓團隊處理事情，以此鍛鍊他們的能力。「網際網路是四百公尺接力賽，你再厲害，也只能跑一棒，應該把機會讓給年輕人。」

在卸任之前，馬雲做了管理架構的調整及業務架構的調整。他將一切安排到最合理，然後瀟灑地轉身離去。在二〇一三年五月十日的晚上，杭州黃龍體育中心，馬雲在淘寶網十週年的晚會上，與員工們說了再見。

當天下著雨，體育中心聚集了阿里集團來自全球的二．四萬名員工，還有許多阿里巴巴集團的合作夥伴和媒體人，大家在雨中期待馬雲的出場，他們來到這裡都是為了替馬雲送別。

馬雲出場後，演唱了《朋友》這首歌曲，員工們歡呼：「謝謝你，馬總！」在演唱結束後，做了身為阿里巴巴CEO的最後一次演說。馬雲認為，網際網路時代是個瞬息萬變的時代，只有年輕人才能擁抱這種變化，帶領阿里集團繼續前行。而他自己要去享受生活了，他要將機會留給年輕人。

馬雲的人生被人們傳說得神乎其神，從讀書時期，到後來創業的一波三折，以及在電子商務的競爭中如何打垮勁敵，都被人們膜拜。但馬雲對此並不以為意，他在演講時告訴年輕人：「今天請大家不要抱怨，如果你們想成功，就要積極樂觀地看待任何問題，這個時代還不是你的。我剛才就說了，現在你們有權利抱怨，但你們沒有資格抱怨。等你們四、五十歲的時候，你們有資格抱怨，但你們沒有權利抱怨，你們必須把它做好。今天你們沒有坐到那個位置，二十年以後別讓我們抱怨你們，你們當年很會說，現在輪到你們做，你們試試看。所以準備二十年以後成功的你們，中國是你們的。毛主席說，世界是年輕人的。我今天覺得他講得太對了，世界一定是你們的！你們沒坐到那個位子的時候，你們不知道坐那個位子有多麼痛苦。」

馬雲喜歡紅酒，這是很多人知道的事情，他喜歡交朋友，也喜歡與朋友杯酒話江湖。在馬雲的江湖世界中，所謂的成功，抵不上平淡的生活。他說：「人生是一種經歷，成功在於你克服了多少困難，經歷了多少災難，而不是取得了什麼結果。我希望等到我七、八十歲的時候，我跟我孫子說的是我這一輩子經歷了多少，而不是取得了多少。」

Lectures

特別收錄——馬雲精彩演說全文

卸任阿里巴巴CEO
——明天起，生活將是我的工作

大家晚上好！謝謝各位！謝謝大家從全國各地來，我知道也有從美國、英國和印度來的同事，感謝大家來到杭州，感謝大家參加淘寶的十週年慶典！

今天是一個非常特別的日子，當然對我來講，我期待這一天很久了。最近一直在想，在這個聚會上，跟所有的同事、朋友、網路商家，所有的合作夥伴，我應該說些什麼？大家很奇怪，就像姑娘盼著結婚，新娘子到了結婚這一天，除了會傻笑，真的不知道該幹什麼。

我們是非常幸運的人。我其實在想十年前的今天，是SARS在中國最危險的時候，所有人都沒有信心，大家都不看好未來，可阿里人相信十年以後的中國會更好，十年以後電子商務會在中國受到更多人的關注，很多人會使用。

但我真沒想到，十年以後，我們變成了今天這個樣子。這十年間無數人為此付出了巨大的代價，為了一個理想，為了一個堅持，走了十年。我一直在想，即使把今年阿里巴巴集團九九%的東西拿掉，我們還是值得的，今生無悔。更何況我們今天有了那麼多朋友，那麼多相信的人，那麼多堅持的人。

其實我自己在想是什麼東西讓我們有了今天，是什麼讓馬雲有了今天。我是沒有理由成功的，阿里也沒有理由成功，淘寶更沒有理由成功，但我們居然走了這麼多年，依舊對未來充滿信心。其實我在想這是因為一種信任，在所有人不相信這個世界，不相信未來，不相信別人的時候，我們選擇了相信，我們選擇了信任。我們選擇相信十年以後的中國會更好，相信同事會做得比自己更好，相信中國的年輕人會做得比我們更好。

二十年以前也好，十年以前也好，我從沒想過，我連自己都不一定相信，我特別感謝我的同事信任我。當CEO很難，但是當CEO的下屬更難。我從沒想過在中國，在大家都認為這是一個缺乏信任的時代，能夠買一個你可能從來沒見過的東西，付錢給對方，經過上千上百公里路程，透過一個你不認識的人，到了你手上。今天的中國，擁有相信，每天二千四萬筆淘寶的交易，意味著在中國有二千四萬個信任在流轉著。

在座的所有阿里人，淘寶、小微金融的人，我特別為大家驕傲。今生跟大家做同事，下輩子我們還是同事！因為是你們，讓這個時代看到了希望。在座的你們就像中國所有的八十後、九十後那樣，在建立一種新的信任，這種信任能讓世界更開放、更透明，讓人更懂得分享，更能承擔責任。我為你們感到驕傲。

今天的世界，是一個變化的世界。三十年以前，我們誰都沒想到今天會這樣，誰都沒想到中國會成為製造大國，誰都沒想到電腦會深入人心，誰都沒想到網際網路在中國會發展得這麼好，誰都沒有想到淘寶會起來，誰都沒想到雅虎會有今天。這是一個變化的世界，我們誰都沒想到，我們今天可以聚在這裡，繼續暢快地遙想未來。

我們大家都認為電腦夠快，網際網路更快，我們很多人還沒搞清楚什麼是PC網際網路，行動通訊就來了；我們在沒搞清楚行動通訊的時候，大數據時代又來了……變化的時代，是年輕人的時代。今天還有不少年輕人覺得無數像谷歌、百度、騰訊、阿里這樣的公司拿掉了所有的機會。

十年以前，當我們看到無數偉大的公司時，我們也曾經迷惘過，我們還有機會嗎？但是十年的堅持、執著，我們走到了今天。假如不是一個變化的時代，在座的所有年輕人，輪不到你們。工業時代是論資排輩，永遠需要有一個 rich father，但是今天我們沒有，我們擁有的就是堅持和理想。很多人討厭變化，但是正因為我們把握住了所有的變化，才看到了未來。未來三十年，這個世界，這個中國，將會有更多的變化，這種變化對每一個人來說都是一個機會，應該抓住這次機會。我們很多人埋怨昨天，甚至三十年以前的事情。中國發展到今天，誰都沒有經驗；世界發展到今天，誰都沒有經驗。我們沒有辦法改變昨天，但是三十年以後的今天，是今天我們這幫人決定的。改變自己，從點滴做起。堅持十年，這是每一個人的夢想。

我感謝這個變化的時代，我感謝無數人的抱怨，因為在別人抱怨的時候，你才有機會。只有在變化的時代，每一個人才能看清自己有什麼，要什麼，該放棄什麼。

參與建設阿里巴巴的十四年裡，我很榮幸我是一個商人。今天人類已經進入了商業社會，但是很遺憾，商人在這個世界沒有得到他們應該得到的尊重，商人在這個時代已經不是唯利是圖的代名詞。我想我們跟任何一個藝術家、教育家、政治家一樣，我們在盡自己最大的努力，去改善這個社會。十四年的從商經歷，讓我懂得了人生，讓我懂得了什麼是艱苦，什麼是堅持，什麼是責任，什麼是別人成功了，才是自己的成功。我們最期待的是員工的微笑。

從今天晚上十二點以後，我將不是CEO。（掌聲）從明天開始，商業就是我的票友。我為自己從商十四年深感驕傲！

看到你們，看到中國的年輕人，我不希望有一天我們這些人再來一個致我們逝去的中年。這世界誰也沒有把握能紅五年，誰也沒有把握自己不會敗，不會老，不會糊塗。讓你不敗、不老、不糊塗的唯一辦法就是相信年輕人！因為相信他們，就是相信未來。所以我將不會回到阿里巴巴做CEO。要我回我也不會回來，因為回來也沒有用，你們會做得更好！

經營公司，到這個規模，小小的自尊，我很驕傲，但是對社會的貢獻，我們這個公司才剛剛開始。所有的阿里人，我們都很興奮、很勤奮、很努力，但我們很平凡，認真生活，快樂工作。我們今天得到的遠遠超過了我們的付出。這個社會在這個世紀希望我們這家公司走遠走久，那就是讓我們去解決社會的問題。今天社會上有那麼多問題，這些問題就是在座各位的機會。如果沒有問題，就不需要在座的各位。

阿里人堅持為小企業服務，因為小企業是中國夢想最多的地方。這裡，十四年前，我們提出了「讓天下沒有難做的生意，幫助小企業成長」。今天這個使命落到了你們身上。我還想再為小企業講話，人們說電子商務、網際網路製造了不公平，但是照我的理解，網際網路製造了真正的公平。請問，全國各省、各市、各地區，有哪個地方為小企業、初創企業提供稅收優惠？而網際網路給了小企業這個機會。有些企業三五年內享受了五六億用戶，他們呼喚跟小企業共同追求平等。小企業需要的就是五百塊錢的稅收優惠，請所有阿里人支持他們，他們一定會成為中國將來最大的納稅者。

感謝各位，我將會從事一些自己感興趣的事，比如教育、環保。剛才那首歌〈Heal the world〉，這世界有很多事，我們做不了。這世界歐巴馬就一個，但是太多的人把自己當歐巴馬看。這世界每個人做好自己那份工作，做好自己感興趣的那份工作，就已經很了不起。我們一起努力，除了工作以外，改善中國的環境，讓水清澈，讓天空湛藍，讓糧食安全！我拜託大家！（馬雲單膝下跪）

我特別榮幸地介紹阿里的團隊，他們和我一起工作了很多年，他們比我更瞭解自己。陸兆禧工作了十三年，在阿里巴巴內部換了很多崗位，經歷了很多磨難，應該講十三年的眼淚和歡笑是一樣多的，接馬雲這個位置是非常難的。我能走到今天，是大家的信任。因為信任，所以簡單！

我相信，我也懇請所有的人像支持我一樣，支持新的團隊，支持陸兆禧；像信任我一樣信任新團隊，信任陸兆禧！謝謝大家！明天開始，我將有我自己新的生活。我是幸運的，在我四十八歲，我就可以離開我的工作崗位。在座的每個人也會有這一天。四十八歲之前工作是我的生活，明天開始，生活將是我的工作。歡迎陸兆禧！

馬雲在杭州師範大學的演說

我覺得你們特別有眼光，剛剛老師說了，杭師大是一個很有魅力的學校，具備未來的戰略眼光。主要是因為我們有這麼多有魅力的學生，而有眼光的年輕人都選擇了杭師大。我深信不疑，杭師大是全世界最好的學校。

我沒有必要拍大家的馬屁，我也不想把自己抬得太高。但是我確實去過很多大學，哈佛也好，MIT也好，或者北大、清華……。不管怎樣，我都以杭師大為傲。我一直說這是最好的學校。因為，好與不好，很多時候不是別人怎麼看，而是你自己怎麼想的。如果你覺得自己不好，你就沒有好的機會；如果你覺得好，你就不斷有好機會。

杭師大跟北大、清華比，在世俗眼光裡是有距離，但是正因為有距離，才給了我們機會。假如我當年考進了北大，就不是現在的馬雲了。因為杭師大給了我這樣的機會。

人生不是你獲得了什麼，而是你經歷了什麼。我自己也想，今天這個開學典禮不是為了慶祝我們曾經出了多少校友，而是我們希望培養出更多更好的校友。而這些校友就來自這裡，就坐在下面。因為你信，你才有機會；如果你不信，你一點機會都沒有。

大家在學校裡會學到很多知識，我相信學校裡學到的那麼多知識畢業後真正所用不多。但學校的經歷給了我們很多。人生不是你學到了什麼，不是你獲得了什麼，而是你經歷了什麼。大學四年可能是我們人生中最美好的，但也是最痛苦的，因為每天忙著考試。

我前幾年還做夢，夢見自己在考試。有時醒過來想，我今天終於不是學生了。很美好，但是一定帶著痛苦。真正的幸福一定是和眼淚、歡笑、汗水結合在一起的。如果你在杭師大四年沒有眼淚、沒有歡笑、沒有汗水，我相信你不會成功。

同時，我也在想，什麼是成功？成功的「成」是成就自己，「功」是功德天下。你只有成就了自己，幫助了別人，才真正會有成功的感覺。所以大家想著自己的時候也想想將來，自己能給別人做些什麼事。

有三件事情是我必須告訴兒子的。你們大概和我的孩子年齡差不多，或是比我的孩子大一點。我兒子生日時，我給他寫了一封 E-mail 給他。老爸寫信給兒子總有點奇怪，但我覺得有三件事情必須要告訴他。

第一，永遠用樂觀的眼光看待這個世界。在這個社會上，你一定會鬱悶，一定會痛苦，一定會沮喪，一定會覺得這個不爽，那個不爽。不僅你們這麼覺得，人類社會幾千年以來，幾乎每個人都鬱悶過，每個人都痛苦過，每個人都難過過。但是人類社會永遠是一代勝過一代。在座的，你們一定會勝過我們，一定會勝過所有的院長，這是我們所希望的。不管發生什麼事情，要相信明天會更美好。

這世界上會有很多令人不滿的事情、不爽的事情，你改變不了多少。改變自己，才能改變未來。給大家講個例子：前段時間日本地震，雲南剛好也地震。我們公司決定捐給日本多少錢，雲南多少錢。結果很多同事說我們幹嘛捐給日本，我們為什麼不捐給自己的國家，很多人提出了抗議。我寫了回信，我認為，你捐是對，不捐也是對的，但是你自己不捐也不讓別人捐，那是錯的。今天任何一個災區不會因為你的捐款發生改變，但是你捐了錢是因為你發生了改變，這世界才會發生改變。不管外面多麼混亂，你改變了，世界才會改變。

第二，我希望大家永遠用自己的腦袋思考。腦袋是自己用的，不要甲說好就說甲好，乙說好就說乙好。永遠用自己的腦袋獨立思考，用自己的獨立眼光去看待任何問題。任何人要去的時候，停一下，其實不差兩秒鐘；任何人反對時，也停一下，思考也不缺這兩秒鐘。永遠用自己的腦袋思考，永遠像今天一樣，用一種新生所具備的充滿好奇的眼光，看待這個世界，看待周圍的人。

永遠記得用欣賞的眼光看別人，用欣賞的眼光看自己。只有懂得用欣賞的眼光看待別人的人，才會有成就感。永遠要用欣賞的眼光看自己。我一直給別人的建議是：假如你畢業於名校，請用欣賞的眼光看別人；假如你畢業於一個普通的學校，請用欣賞的眼光看自己。因為只有這樣，我們才能渡過一個個難關。永遠保持好奇心，到了八十歲、九十歲，你也覺得那女孩長得挺漂亮，那就對了。

第三，永遠講真話。真話是最難講也最容易講的。真話永遠聽起來不爽，但是它又是最爽的。所以學弟學妹們，在四年的學習過程中，Enjoy your life。同時，樂觀、獨特，並且講真話。我相信只有這麼做，我們的人生才是豐滿的。

最後，希望你們這四年開開心心。否則過了四年，你一定會後悔的，後悔當年為什麼不那麼開心。因為我現在走過籃球場時，在想那時候我怎麼沒練好籃球。很多東西，失去了才知道它的珍貴。讓自己在校園的四年裡，玩得最爽，讀書讀得最爽，朋友交得最爽，過好每一天。

馬雲在平安夜的演説

各位在座的社群朋友們，大家好！我經常來社群裡看貼文，但是沒有註冊別的身份。這幾天我在休息，我給自己放一周的假，但是哪兒也沒去，就是看看書，聊聊天，休息休息。

二〇〇五年年底我剛剛宣布阿里巴巴處於高度危機時，我們公司很年輕。我們公司這幾年越來越受到外界的關注，對於我們公司的年輕人來說，這不是件好事，包括我自己也是很難承受得住聚光燈的照射。我們公司要走的路很長，我們公司要走一〇二年，現在還有九十六年，我們過早被聚光燈照射，這麼大的榮譽光環對於我們來說是件很危險的事情。

二〇〇五年是阿里巴巴非常受外界關注的一年。阿里巴巴今年為什麼受到這麼大的關注？我們收購雅虎中國，我們淘寶做得很好，支付寶也做得很好，阿里巴巴流量也不錯。二〇〇五年和二〇〇四年公司的發展狀況可以說是突飛猛進。我本來預計阿里巴巴網站要在二〇〇九年進入全世界前三十名，沒想到這兩天我們已經穩居全球第十九名，在全世界商業網站中排名第一。

我們在成立阿里巴巴的時候有三大願景，第一個就是希望成為世界十大網站之一。提這個目標的時候，大家覺得還是有一點點不符合實際，怎麼能想著成為世界十大網站之一呢？

目前世界十大網站，大部分都是入口網站，像雅虎、MSN、eBay。我們把自己定位為商務網站，以此進入全世界十大網站。我們自己提出的目標，實現它需要三十年，我們現在越來越有把握。我們判斷今後五年內我們將佔據世界十大網站的三個席次：一個是雅虎中國，一個是淘寶網，一個是阿里巴巴。我們原先計畫是三十年內拿到一個席位，現在我們有可能十年以內拿到三個席位。

我們對中國局勢的越有把握，作判斷時的信心也越來越足。整個中國的經濟在高速成長，加上世界對亞太地區的高度關注，以及亞太地區網際網路企業對世界作出的貢獻，我估計未來的五年內這些將會對網際網路產生很大的影響。

我是「二〇〇四年度中國經濟十大人物」，我們今年再次獲得「中國十大雇主公司」提名，我自己覺得對公司和我個人來講不是好事，我會參與，但不會有過高的要求。我們希望三〜五年之內成為「全球十大雇主公司」之一，我們希望三至五年以內成為年輕人最希望加入的公司。不過，今年獲得這個獎的提名還是讓我感到高興，我們兩年前提出這個目標的時候感覺路還很長，現在居然實現了。其實你提出了並付出努力，還是有機會的。

今天，全國各地的版主和論壇精英在這裡聚會，我很羨慕大家，你們寫作水準很高，而我最多寫個「頂」字，我打二三十個字都要花很長的時間。作為一個好的版主，他會跟大家分享，他有胸懷。論壇就像一個社會，甚至比社會更複雜。

在淘寶上也會出現各種各樣的矛盾，我跟淘寶上的管理員說，我覺得論壇是一個小社會，你要包容它。這個世界總會有人不同意你的想法，而且不同意你的方式，你不要煩躁，不然火氣會越來越大，這樣事情就更複雜。大家在論壇裡要有一種胸懷，要有所投入，這樣自己也會在無形中成長。

剛才朋友說管一個論壇好還是管兩個論壇好，我覺得管一個論壇好，管兩個論壇會很累的。我們收購了雅虎之後做了幾個動作，先做減肥運動。整個雅虎本來有六百名員工，產品有將近二百個，一個部門六十個人在一百條線上打仗。當時我們問了幾個問題，第一個問題是：「請問今天什麼是最重要最緊急的事情？什麼是不緊急不重要的事情？什麼是又緊急又重要的事情？」大家都說這個東西又重要又緊急，那我說好，就做這一件，其他的都排在後面。

我們把雅虎的首頁徹底改變了，六百個人在六百個不同區域同時打仗，贏的機率很小，但六百個人集中在一個區域打仗，勝利的希望會很大。如果做版主的腦子想的是賺錢，想的是搞小團體，往往會在文字裡顯露出來。你心裡有這樣的想法時，你的語氣、語態中都會顯露出來。

今天我們依然堅持創業時的夢想，和過去唯一的區別是我們往前走了一步，離夢想近了一步。每個人初次創業的時候理想是好的，走著走著，會找不到這條路在哪裡。你的第一個夢想是最美好的東西。

我們創業時有三十幾家與我們競爭，我記得現在全部關門了，只有我們一家還活著。我們是堅持夢想的人，所以能走到今天。我們今天沒有放棄第一天的夢想，我們還要走下去，我們還要走九十六年。從我們第一天說要把阿里巴巴持續發展一〇二年起，我們就沒有改變過。今天我們說要做持續發展一〇二年的公司，成為世界最大的電子商務網站。

我們阿里巴巴前五年完成第一個目標，是「Meet at alibaba」，我們跟員工作了彙報。電子商務誰也說不清楚它是什麼東西，專家太多了。我剛剛參加了教育部的電子商務教科書研討會，據說全國有二百七十八所大學都開設了電子商務專業。電子商務專業的學生畢業以後很頭痛，這些專家真的不知道從哪兒講，我覺得真正要是講電子商務，你們（論壇版主）去講是最合適的。

對於電子商務最專業的人是第一批版主，是阿里巴巴和淘寶網的網路客服人員，而未必是技術人員，不管他們講什麼理論，你不信去網上賣點東西看看。如果我們在阿里巴巴上搞一次網上知識競賽的話，我們的員工懂的知識肯定不如你們多。

實際上電子商務專業的教科書應從你們這裡寫起，實際上教科書就應講怎麼做生意，怎麼交流。大家都是在同一個行業內，大家都溝通得這麼好，沒有網路這一切是很難做到的，但是我們今天做到了。網路給大家帶來的是精神和物質上的財富，今天僅僅是剛剛開始。

實際上，二十年以前電腦分三塊：電腦主機板、晶片還有作業系統，這三塊完全可以由

IBM自己擔當的，ＩＢＭ把軟體交給微軟，把晶片交給英特爾，ＩＢＭ認為電腦主機板最重要，結果ＩＢＭ選錯了。

微軟選了作業系統，成就了它今天的位置。晶片交給英特爾，結果使英特爾獲得巨大的利益。ＩＢＭ分給別人的東西是最好的，它沒有想到自己沒選的東西是最好的。我們見過很多這樣的企業，六七年間迅速成長的企業，這些企業就認為自己什麼都好，以為自己的肌肉力量很大，想打別人，卻被別人聯手消滅了。

我們阿里巴巴成立才六年，很多東西不夠完善，另外我們清醒地意識到我們今天做的任何事情的影響力都非常大。不敢說我們肩負起中國電子商務的重任，但我們有使命感，我們阿里巴巴的方向往哪裡去，會影響到電子商務的決策，我們在企業電子商務裡面還是遙遙領先的，是世界第一位的。前幾年別人還認為我們在吹牛，但是二〇〇五年，很多權威媒體和很多機構把阿里巴巴定位為Ｂ２Ｂ老大。

二〇〇五年，我們的淘寶網也打破了eBay易趣戰車在全世界範圍內戰無不勝的神話。在中國，eBay易趣進入得比我們早，實力比我們強。當時我們淘寶是一個零，但是他們已經有很多會員。任何事情都是在運動變化中的，我們淘寶也很努力，我們與eBay今年的距離也迅速拉開，我們搶佔了市場。網上的交易量和整個會員數、活躍度使淘寶網成為亞洲最大的Ｃ２Ｃ網站！

我們剛才講得很有信心，我們希望再經過五年的努力，淘寶網不僅在亞洲網站排名成為第一，也要成為全世界第一大Ｃ２Ｃ網站。我們越來越有信心。我剛剛從北京回來，在北京我們見了中國工商銀行和招商銀行的行長。這幾年來，在中國，網站上的支付量排名我們是第一名，第二名到第八名的支付量加起來還不如我們第一名大，也就是說，我們的支付寶在市場上的佔有率是很大的。

我們的電子商務一定要有五個要素：第一個要有誠信的體系。沒有誠信體系，中國企業在做生意的過程中成本不僅不能降低，而且會越來越高。比如說突然告訴你一條資訊，你說賣二元，他賣七元，你也搞不清楚。沒有選擇的時候你很快會作出決定，你反正只能拿一個，你想也不想。突然有七八個選擇時，是最痛苦的，一旦你有七八條資訊，你就愣在那裡。誠信是非常關鍵的東西，在現實社會中建立誠信體系非常難，因為中國要成為世界上非常富有的國家，要用三十年的時間，但是中國要學會懂得富有，懂得分享財富，這個文化體系的建立大概要五十年，三十年和五十年之間有二十年的缺口，這是非常危險的，彌補的辦法就是教育。

所以我在公司裡面講到這點的時候，也是比較擔心的。教育裡面為什麼會出現這樣的情況？我們歷來教育的價值觀，道家哲學、儒家思想，在「文革」的時候全部被摧毀掉了。阿里巴巴之所以有今天的成就，就是因為我們阿里巴巴有堅定的使命感和價值觀。中國以後要在全世界站起來，弘揚中國的文化和中國傳統的東西，這（誠信）是很大的問題。

想到這裡，我希望阿里巴巴處於誠信體系裡面，並可以在網上建立一套誠信體系。今天阿里巴巴有誠信的理念，我們是最早提出在網上可以建立誠信體系的，我們已經有了網路的誠信產品，儘管不完善，但是我們已經慢慢推出來了。「誠信通」現在會員已經近十二萬名了，有這樣的理念，有這樣的產品，但是還沒有一個體系。明年開始公司將會全力進入到誠信體系的建設中，我們指定公司內部一個人，也是當年很多版主都知道的蕭天，他明年會專注於誠信體系的建設。

第二個要素是電子市場，我們建立了B2B和C2C。第三個是搜尋引擎，這是非常重要的工具。第四個是支付，我們推出支付寶。第五個，我們覺得中國電子商務接下來的發展一定少不了的是軟體，所以我們很快會推出軟體。今天是二十四日，我們定了今天下午要推出阿里巴巴第一款軟體，叫「阿里軟體」，本來這個名字蠻好，後來改叫「客戶通」了，我覺得也蠻好，正好在耶穌誕生之日推出，可以持久發展。

我們這個軟體很不錯，可以幫助管理客戶關係，我覺得中國企業裡面能使用ERP還需要很長時間。用友和金金蝶這兩家公司如果沒有匆匆忙忙進入的話，那會發展得很好。你早一步會掉進河裡，晚一步將上不了船，所以上船的時間很重要。

我們要圍繞中小型企業發展，我們在考慮中小型企業市場的需求時，要比他們（中小型企業）早半拍，不要早兩拍，半拍就可以。我們今後的人事管理軟體、財務管理軟體都會慢慢推出，你們可以免費試用，你們用了覺得有用，覺得有效果，我們再考慮收費。做生意一定是公平的，我一定要給你幫助，你得到了幫助之後我們才會有收穫，你覺得對你是有幫助的，那你就付錢，你覺著不好用就不要給錢。我們的五個手指頭就代表第一個是誠信，第二個是電子市場，第三個是搜尋引擎，第四個是支付，第五個是軟體，這五個缺一不可。

我覺得網路巨大的魅力所在就是社群。網際網路的「互」就是互動，「聯」就是聯盟，互動是一種強大的力量。在中國網際網路社群，我才搞清楚Web2.0是什麼意思，一個好的網際網路，就應是互動的，Web2.0的核心就是互動的。

任何一個網站都必須是互動的，互動社群是最好的表現形式。中國有三家公司互動社區做得很好，第一家是QQ，第二家是阿里巴巴，第三家是網易，其他都是一些缺乏互動的，而且很多網站上的貼文有謾罵的內容。阿里巴巴當年建立「以商會友」論壇的過程中，我們都堅持一點，這是商業的論壇，我們不允許謾罵，我們不允許在上面談政治的事情。有很多貼文的後面評論都是謾罵，有人問我是不是現在論壇上有很多心理變態的人。你可以看到新浪、搜狐都有謾罵的內容，我覺得我們阿里巴巴確實還做得不錯，真的不錯。

我當時說，你談論政治就離開阿里巴巴，談論政治就離開淘寶，我們希望盡我們最大的努力把它弄得純粹一些，讓一些志同道合的人來溝通。以前反日情緒非常激烈的時候，有人說軟銀跟我們有什麼關係，我覺得沒有關係，孫正義要是控制得了我，那我就不是馬雲了。很多人說自作聰明的人很多，其實孫正義股份是很少的，我們之間永遠明白這個道理。我上次講過這個理論，我是阿里巴巴的家長，投資者是娘舅，他只是給一點錢。可以說在阿里巴巴這個手術台上，我是醫生，我自己開刀，所有的投資者都是護士，我要刀他給我刀，都是由我決定，任何人都是我的助手。

我們作任何決定都不會受任何人的影響，如果孫正義要「控制我們」，那他愛去哪裡就去哪裡，他不想做股東，那他可以走掉，還有很多投資公司會來投資。作為一名醫生，作為一名CEO，你必須明白你的使命和你的職責是什麼。

到現在為止，社群給我的感覺是，儘管裡面充滿了各種各樣的矛盾，但這個世界沒有哪個地方沒有矛盾，更何況你們沒有見過面呢。我跟我們在座的版主講，我在二〇〇五年無形之中成為很多網際網路公司巨大的競爭者，儘管我不希望與他們成為競爭對手。我朋友說「無敵者，無敵於天下」，你心中不要把別人當對手，只有這樣你才能學習他、超越他。你不要恨他。所以我經常說你不要去恨日本，你欣賞、學習它，才能超越它，中國人要學習別人，努力奮鬥。

二〇〇五年，很多公司無形中把我們當競爭對手，未來幾年內很多媒體可能會攻擊阿里巴巴。我已經發現很多媒體在寫關於阿里巴巴的文章了，我們的對手開始說我們的壞話了，幾年內我們有可能看到九〇%的文章都是批判阿里巴巴的。但是，我堅持我自己的理想，我在做正確的事情。

我們前面五年在積累，在堅定不移地創造價值，說明客戶成功。我們未來五到十年如果想走得不一樣，那我們今天就要不斷地蓄積自己的力量，蹲得下去的人才能跳得高。在未來幾年內一如既往地堅定我們的理想，堅持我們所要做的事情。四年前我講過一句話，今天我還是這樣講，我們不會因為媒體，不會因為評論者，不會因為分析師和任何專家的評論而改變，我們只會因為客戶的改變而改變。

話又說回來，昨天一個年輕人跟我講：「我在這裡工作，老闆是美國人，管得太細，什麼東西都問。」幾乎所有的中國人都說，老闆管太細，其實原因就是你自己做得不夠細，你把事情搞得亂七八糟，那怎麼辦？那肯定要管得細，所以插手的部分就越來越多。CEO做的事情就是一定要把癌症挑出來，一定要把問題消滅在萌芽階段。

馬雲在史丹福大學的演說

大家好。我今天感到非常榮幸能來到這裡和大家見面。大約幾個月前，史丹福邀請我來演講。我沒有預料到。很多人說因為所有關於雅虎、阿里巴巴，和許多其他的新聞，這個時間點來這裡演講是非常敏感的。但是既然我做了一個承諾，那我就得來。今天如果你有任何問題要問我，我都會一一回答。

今天是我來美國的第十五天，而且我打算在這裡待上一年。這個計畫沒有人知道，甚至我的公司也不知道。大家問我為什麼要來這裡，要做收購雅虎的準備嗎？不，大家都太敏感了。我來這裡是因為我累了，過去十六年來太累了。我在一九九四年開創我的事業，我發現了網際網路，並為之瘋狂，然後放棄了教師工作。那時候我覺得自己就像是蒙了眼睛騎在盲虎背上似的，一路跌跌撞撞，但依然奮鬥著、生存著。在政府機關工作了十六月之後，一九九九年我建立了阿里巴巴。

我們還幸運地擁有淘寶網、支付寶、阿里雲和集團下其他的公司，所以，建立阿里巴巴十二年後的今天，我決定休息一段時間。尤其今年的挑戰實在是太艱辛了，這也是我沒有預料到的。中國人說每十二年是一個本命年，阿里巴巴今年在中國剛好是第十二年，也遇上了許多棘手的問題，比如年初因為供應商欺詐事件導致首席執行官辭職，還有ＶＩＥ（Variadle Interest Entities，可變利益實體）的問題，雖然我到現在仍然不知道什麼是ＶＩＥ，以及把淘寶分成四個公司的決策。所以，忙完所有這些事情之後我累了。我告訴自己，為什麼不花個一年時間好好休息？尤其明年是我個人的本命年，肯定會比今年更辛苦。我想要多花一點時間好好準備，迎接明年更艱苦更困難的挑戰。我需要好好休息，才能為三四年後的挑戰作好準備。這三四年如果事情出了錯，大家可以批評淘寶、阿里巴巴或阿里雲的首席執行官。但是三四年後，如果事情出了錯，那就是我的錯。所以我準備在美國花上一段時間好好思考和放鬆。前兩天，我開始再次練習高爾夫球，好好放鬆。所以，來美國的目的真的不像大家揣測的這麼複雜。

我們是一家非常幸運的公司。我沒有任何背景，沒有富裕的父親，也沒有很有權勢的叔伯們，根本不用想能夠有成功的機會。我記得一九九九年來到矽谷尋找資金，跟很多風險投資、資本家接洽，也去了Menlo Park一帶開會。但是沒人有興趣投資阿里巴巴，我被一一回絕。回到了中國，一點資金都沒拿到。但是，我充滿了信心，我看到了美國夢。我看到矽谷的快速成長，我看到許多公司的停車場不管是白天或黑夜，週一到週日，都停滿了車。我相信那種快速的成長也會發生在中國。接著我創立阿里巴巴，十二年過去了，到今天取得了很多成績。但在那之前，沒有人相信Ｂ２Ｂ能夠在中國發展。當時美國有名的Ｂ２Ｂ公司包括Ariba.com、BroadVision和Commerce One，這些公司的主要客戶都是大公司的買家們。沒有人覺得中國近期內會有大公司出現，即使有大公司也不會有電子商務的需求，因為所有大公司都屬於政府，他們只需要配合政府的政策就可以。但我的信念是，我們必須專注於小型企業，因為未來是私營企業的天下，所以我們必須把重點放在小型企業。

還有，美國大公司的Ｂ２Ｂ是非常偏重於買家的，美國的買家們需要許多建議來幫忙節省成本開銷和時間。但是我相信中小企業們不需要這方面的幫忙，他們比我們還厲害，懂得更多。我們應該專注於幫他們賺錢，把產品外銷出去。當時我們也遇到很多挑戰，但是十二年過去了，今天全球有五十八萬小型企業都使用阿里巴巴來做生意。我們的生意模式跟騰訊或百度相比可能並不是十分吸引人，我們也並不靠網路遊戲賺錢，但是我們晚上可以睡得安穩，因為我們知道我們賺的錢並不是從網路遊戲來的，我們的收入是靠幫助小企業們成長來的，這點我感到十分驕傲。直到今天我都沒有為阿里巴巴賺了多少錢而驕傲過，我為我們影響和幫助了其他人，尤其是小企業主而驕傲！

在網際網路發展之前，沒有人可以幫助超過五百萬的中小企業。但是今天，我們正在努力這麼做。人們會跟我說：「馬雲，如果你能把阿里巴巴搞好，那相當於你將好幾噸羊運到了喜馬拉雅山頂上。」我說：「是的，我們還會把它們運下來。而且我們做到了。」第二個公司是淘寶。大家都跟我說：「天哪，你是在跟eBay競爭啊！」我說：「為什麼不？」中國需要一個電子商務網站，創建一個中國的網路交易市場需要時間跟精力。所以，那個時候人們告訴我在中國做這個沒機會。我說，如果你總是不嘗試，你怎麼知道沒機會？所以我們就嘗試了。我說如果eBay是大海裡的鯊魚，那我們就是長江裡的揚子鱷。咱們不在大海裡打架，我們在長江裡較量。一開始很困難，但是很有趣，而且我們最後活下來了。一開始eBay佔據了中國C2C市場的九〇%。但是到了今天，我們擁有中國C2C市場九〇%的份額。我們很幸運，真的只是幸運。很多事情以後我們還可以再討論。

今天，大家總是在寫關於阿里巴巴的成功故事。但是我並不真的認為我們有多麼聰明，我們犯了很多錯誤，當時我們還是很愚蠢的，所以我在想，如果哪天我要寫關於阿里巴巴的書，我會寫阿里巴巴的一千零一個錯誤。這才是大家應該記住的事情，應該學習的事情。如果你想知道其他人是怎麼成功的，這是非常難的，因為成功有很多幸運的因素；但是如果你想學習別人是怎麼失敗的，你就會受益很多。我總喜歡看那些探討人如何失敗的書。因為，當你仔細去分析的時候，任何失敗的公司，他們失敗的原因總是不盡相同，而這才是最重要的。淘寶成功了，接下來我們做了支付寶。因為大家都說中國沒有信用體系，銀行很糟糕，物流很糟糕，你為什麼還要做電子商務？今天，我不是來這裡跟大家說我的生意經的，我沒有準備PPT，因為我沒有股票要賣給大家。但是我想正因為中國落後的物流、信用體系和銀行，我們才需要有創業精神。需要創建自己的藍圖。所以我相信這個事情我先做了，然後慢慢地就成了中國的標準。我記得六年前當我來美國的時候，我說我相信五年以後，中國的網友數量會超過美國。人們說，不會的。然後我說，你們的人口才三億，中國有十三億人口不是嗎？如果你們有四億人口，沒有人死亡，人們還要不停地生孩子，你們需要五十年的時間。我們只需要五年時間，所以這只是一個時間問題，不是嗎？我們走著瞧。今天，中國網路使用者的人數超過了美國。然後人們說，為什麼你們的購買力這麼低？我們五年後再說。今天，每月人均消費大概只有二百元人民幣；五年以後，這些人會消費二〇〇〇元。而且我們很有耐心，我們還很年輕。我是老了，但是我們員工的平均年齡才二十六歲。他們還很年輕，所以讓我們期待未來。

當時做支付寶的時候，大家說這是一個很傻的擔保服務。張三要從李四那裡買點東西，但是張三不肯把錢匯給李四，李四也不肯把貨給張三。所以我們就開了一個帳戶，跟張三說：「把錢先匯給我，如果你對貨物滿意，那麼我付錢；如果你不滿意，你退貨，我退錢給李四。」人們說，你的這個模式怎麼這麼傻啊？我們不關心這個模式是不是傻，我們關心的是客戶是不是需要這樣的服務，我們是不是滿足了客戶的需求。如果這東西很傻的話，今天中國就有超過六億的註冊用戶在用這個傻東西。而且即使是傻的東西，如果你每天都改善一點點，那麼它就會變得非常聰明。所以今天支付寶很好，我們還在成長。支付寶跟PayPal很像，但是從交易量來說，我們比Paypal更大。

最後，也是最重要的，是我們的阿里雲運算，這個公司跟其他談論雲端運算的公司不同。那些公司是想把他們的軟體和硬體賣給你，但是我們沒什麼可以賣的，我們透過雲端技術對自己的資料進行計算，來自中小企業的資料，來自淘寶消費者的資料，以及來自支付寶的資料。我們相信未來，未來的世界將是資訊處理的世界。如何很方便與他人分享資料，這將是未來商業的核心。這個公司目前還不是很好，但是盈利能力很強。整個公司都很健康。

一開始人家說這個公司不可能成的，但是我們活下來了。我們很有耐心。我們總在問自己一個問題：「為什麼我們還要這麼辛勤地工作？」有一天，我問我的同事，他告訴我：「Jack，第一、我從來不知道我這輩子還能做這麼多事情。第二、我從來不知道我現在做的事情對社會這麼有意義。第三、我從來不知道生活是這麼艱辛的。」我們沒日沒夜地工作，甚至現在也是這樣。我變得更瘦了，而且長相更奇怪了。我知道生活不是件容易的事。我們很驕傲，我們在改變中國，而不是賺了很多錢。

十年前，當我走在街上，有人跑過來感謝我，因為阿里巴巴幫他們得到了國外的訂單、國外的生意。今天，當我走在街上，有人過來感謝我，說他和妻子在淘寶上開了個小店，以此為生，並且收入不錯。這對我來說，意義重大。我們將誠信變得有價值（你的誠信是可以變成錢的）。許多年前，如果你有很好的信譽記錄、交易記錄，你可能還並不富有。今天，如果你在淘寶上有很好的信譽記錄、交易記錄，你將會非常富有，因為人們都願意跟信譽好的店家做生意。我們教育消費者要聰明。有人來跟我說：「馬雲，我在淘寶上買了個東西，非常非常便宜，你說這是假貨嗎？」是的，我們淘寶上有假貨，假貨在現實生活中無處不在，但是我們作了非常多的努力，用大量的人力物力來解決這個問題。在淘寶，有五〇%的工作人員每天的工作是篩檢侵權、仿冒商品。如果有一瓶紅酒，實體的商場裡買要三百美金，而在淘寶上只要九美金，為什麼會這樣？因為通路、廣告費用。為什麼消費者要為這麼多其他費用買單？我們幫消費者省了。所以我們跟消費者說，如果你在淘寶上買一件十五塊錢的T恤，而它在商場裡要賣一百五十塊錢，那不是因為淘寶賣得太便宜了，而是因為商場裡賣得太貴了。我們應該幫助消費者變得更聰明。

我們看見在中國有很多工廠，尤其是在廣東，他們其實是公司，並不僅僅是加工廠。他們僅僅是做代工，這些代工的產品生產之後就在淘寶上賣。他們不知道誰是他們的銷售管道，也不瞭解最終購買他們產品的客戶。這種代工廠，在有問題發生的時候（比如金融危機），會馬上陷入困境。所以我們應該告訴這些生產者，必須直接跟自己的客戶溝通，應該自己去做銷售，自己提供服務，這才是真正的做生意。否則，它就只是個工廠。我們正在改變這些工廠，扭轉這種局面。我感到非常自豪，這與財富無關。如果你有一百萬元，你是個富有的人。但如果你有一千萬元，那你可能就有麻煩了，你會擔心通貨膨脹，於是你開始投資，接著你就可能遇到困難。如果你有十億元，那這就不是你個人的財富了，而是社會的財富。你的股東、投資者認為你應該比政府更加有效地使用這些錢，於是他們給你信任。那你要如何運用好這筆錢，才能對得起他們的信任呢？我覺得這是我們所面臨的挑戰。阿里巴巴的產品，其實並不是服務，是人，是我們的員工。

我們員工的平均年齡是二十六歲。我們正面臨著許許多多的挑戰，這些是我過去所沒有意識到的。曾有一位某國政府高層人員來公司訪問，他說：「馬雲，如果你們淘寶有三億用戶，那就已經比我管理的國家還要大了。」我說是的，這個管理的難度非常大。不管我們制定出什麼新的政策，都會讓我們遇到各種壓力。當用戶有抱怨的時候，就好像是對制定政策的政府不滿似的。就是這些平均年齡二十六歲的員工，在制定淘寶的「遊戲規則」，我們從未有過這樣的經歷。如果我們改變一下，比如說做搜尋引擎，傳統的搜尋引擎，會讓賣得好、最便宜的排在前面，但我讓最有信用和信譽的排在最前面。之後，會有很多人去驗證。有二百個人來到我們公司，跟我說，我們會為改變遊戲規則而付出代價。

我的回答是，如果這個改變是正確的，我們就要做下去。眼前的這個世界，也是我們改造出來的。我們不需要不能服務於人的專案，我們需要社會學家、經濟學家，讓這些人來制定我們的政策規則。所以我們還面臨著許許多多的考驗，但我們仍覺得驕傲。我相信在二十一世紀，如果你想做一家成功的公司，你需要學會的是如何解決社會上存在的某個問題，而不僅僅是如何抓住幾個機會。抓住機會是非常容易的，我不是吹牛。我覺得今天，在阿里巴巴成立十二年後，賺錢非常容易，但是要穩定地賺錢，並且對社會負起責任，推動社會的發展，非常難。這也是我們正在努力為之奮鬥的。我相信中國因為有了網際網路，在未來的三年內會有很大的發展。今年，人們說很多中國的股票因為ＶＩＥ掉了很多。我相信，如果你看看其他地區的經濟，比如美國目前正面臨巨大考驗，歐洲可能已經無所適從，那中國會怎麼樣？所有發生在美國和歐洲的情況，三四年後也會發生在中國。三四年後，中國的經濟將面臨巨大的挑戰。如果你預感將會有糟糕的事情發生，那就從現在開始為之做準備，而不是到時候抱怨和哀號。作為網際網路公司，我們必須承擔起我們的責任。我不是政治家，我只為自己說話，為我的客戶——五千萬中小企業主和八百萬淘寶賣家說話。他們在三年後要如何生存下去？這也是我此次來到美國想要學習的。跟歐巴馬學習，他將如何增加就業，他會怎麼做，從錯誤中整理經驗，然後在三年後，用我們的方法，幫助我們自己。這就是為什麼我會來這裡。

馬雲在寧波對阿里巴巴會員的演說

很高興再次來到寧波，今天（二〇〇二年六月十一日）不是禮拜天，大家來這裡我非常高興，而且我想代表阿里巴巴全球一百二十萬的會員和五百名員工向大家致上夏日的問候。這一站是阿里巴巴在全國各地以商會友活動的第六場。我們第一場是在紹興，然後去了無錫、順德、深圳、廈門，這個禮拜是在寧波。我們在全國開會員見面大會，每一次都會讓我們非常感動。我記得在無錫那一場，我們請了二百五十名會員，那一天是下午二點鐘開始，一點半下了很大的雨，我們想下午可能不會有那麼多人，結果來了五百五十多名會員。

搞一次電子商務「幹幫」大會

商人需要不斷地交流，電子商務要不斷地溝通和交流才能發揮作用。我們正在籌畫，以往我們在杭州搞西湖論劍。也許我們在今年或者明年會搞一次電子商務「幹幫」大會，「幹」

是實幹的幹，「幫」是互相幫助的幫。大家都是商人談電子商務，而不是讓ＩＴ界人士談電子商務，既不是投資者，也不是網際網路人士，而是實實在在的商人來談電子商務。在我看來，電子商務，商人覺得有用的，就是有用。如果商人覺得沒有用，再好也沒有用。

我看了今天的名片，都是一些企業家、廠長、經理，都是年紀較大的人。我今天的演講分三塊，第一塊跟大家交流一下阿里巴巴的昨天和今天，給阿里巴巴作一個分析。我們公司很小，只有三年。這三年來我們經歷了各種痛苦、折磨，我想當成一個案例跟大家分析。第二塊是我在全世界跑了很多國家，跟世界一流的企業家進行交流，我想把這些交流的經驗跟大家分享。第三塊是我想和大家分享，什麼是電子商務，今天的電子商務能給我們帶來什麼。

寧波的企業家一直以非常聰明、大度，具有良好的戰略眼光而聞名。我前幾天參加浙江省對外貿易招商洽談會，在招商會上，有人說寧波企業家特別精明，香港十大企業家裡面，有三個人祖籍在寧波。今天，我在這兒跟大家交流自己經營企業的經驗，一定會很有收穫。

寧波是全國電子商務水準最高的地區

衡量一個城市的電子商務水準的高低，不能以城市裡有多少電子商務公司來衡量，不能以有多少ＩＴ企業來衡量。前幾天我們在會上探討，有人說，寧波的電子商務發展得不是很好，說ＩＴ企業有七八家，已經關掉了四五家，現在有名的、成功的不多，ＩＴ水準很差。

但我不這樣認為。我前天早上在這裡公佈一個資訊：寧波是現在全國各地電子商務水準最高的地區。因為一個城市電子商務水準的高低，不應以擁有多少電子商務公司來衡量，而應該看這個城市企業運用電子商務的指數有多高。我們認為寧波企業運用電子商務的指數最高。阿里巴巴到寧波一年多了，而寧波地區的續簽率高達九五％，只有兩家企業今年不能再做下去。寧波的情況在全國、全世界都很罕見，所以我覺得寧波的電子商務水準是很高的。

我今天主要講阿里巴巴的昨天和今天。我們曾兩次被哈佛選為全球的ＭＢＡ教學個案，他們會派一個人到我們公司，至少要待五天。他在這五天對我們所有的經理、部分員工以及剛剛加入的新員工和客戶做仔細的調查，然後花兩個月寫這個個案。我每次拿到他們的個案第一稿的時候，都覺得這不是在寫阿里巴巴。很多人對阿里巴巴的看法很怪，有各種各樣媒體的評論，媒體的報導我不全看，但是會員對阿里巴巴的評論我一定看。

阿里巴巴到底是什麼？它怎麼熬過來的？

我覺得技術，就應該是傻瓜式服務。技術應該為人服務，人不能為技術服務。阿里巴巴能夠發展得這麼好，主要是ＣＥＯ不懂技術。大批懂技術的人跟不懂技術的人工作，蠻開心的。我也覺得很驕傲，因為有八五％的商人跟我一樣不懂技術。我要求阿里巴巴的技術非常簡單，使用時不需要看說明書，一點就能找到想要的東西，這個就是好東西。

大家知道我們在創辦阿里巴巴網站時在北京的外經貿部，一九九九年我們決定回杭州創業。在離開北京的前一個禮拜，我帶著六七個人爬了一次長城。去長城那一天特別悲壯，感覺像是壯士一去不復返。我們一定要做成功，開一個讓中國人感到驕傲的公司。我們在長城上找到了靈感。在長城上看到每一個磚頭上都有「張三到此一遊，李四到此留念」，我覺得很有意思。如果說我要創立公司的話，我第一步就是從BBS開始。

回到杭州我收到一個邀請，新加坡政府請我去新加坡作一個亞洲電子商務大會的發言。我覺得很奇怪，我也沒什麼名，中國大陸就請了我一個人，是不是請錯了？他說來回的機票都可以報銷。

中國是中國，美國是美國

新加坡電子商務大會層級很高，有二百多人參加，電子商務大會發言的人八〇%是美國人，八五%的聽眾是歐美人。所有的題目都是關於雅虎之類的公司，一〇〇%是美國的例子，但名字是亞洲電子商務大會。我臨時換了一個主題，中國有自己的特點，亞洲是亞洲，中國是中國，美國是美國，美國的模式在中國未必就行。那次研討會對亞洲影響很大。

後來《經濟學人》雜誌上登了一篇文章，講我和亞馬遜的老闆，說美國有個人叫貝佐斯，中國有個人叫馬雲。我們同時從一九九五年開始，他在西雅圖開始，但是在美國亞馬遜發展得那麼好，在中國我們變得這麼小，兩者間的差別很大。亞洲以什麼為主？亞洲以中小型企業為主。全世界八五％以上的企業都是中小型企業。比爾・蓋茲只有一個。只有幫助中小型企業才是最大的希望。

中小型企業的電子商務更有希望

亞洲是最大的出口基地，我們以出口為目標，幫助中國企業出口。幫助全國中小型企業出口是我們的方向，我們必須圍繞企業對企業的電子商務。無論是在中國黃頁還是在外經貿部做客戶宣傳的時候，會見一個國有企業的主管要談十三次才能說服他，而在浙江一帶的中小企業老闆去三趟就可以了。這讓我相信，中小型企業的電子商務更有希望，更好做。我從新加坡回來時就決定，電子商務要為中國中小型企業服務。這是阿里巴巴最早的想法。

把自己口袋裡的錢放在桌子上

一九九九年二月二十一日，在杭州我們開了一個非常重要的會議。這個會議到今天還影響著阿里巴巴。當時十八個創業者參加這個會議。我們提出「東方的智慧，西方的運作，全世界的大市場」的目標，我們要創建讓中國人感到驕傲的公司，能夠持續發展八十年的公司，只要是商人，一定要用阿里巴巴。別人不會理解，我們暫時不對別人講，我們也不見任何媒體。總而言之，認真踏實地創建一間公司。我們把自己口袋裡的錢放在桌子上，湊了五十萬塊。到了第六個月我們就熬不過去了，風險投資找我們時，我們的口袋裡已經沒錢了。

我們沒日沒夜地幹，就這樣熬過來了。到九月份，我們接到了第一筆五百萬美金的投資。是美國的高盛牽的線。當時網際網路很熱，很多人都想要錢。我對投資人說我們不要錢，他們都很認真地聽我說。

第一個找我的是浙江的企業，他說：「我們可不可以合作。我給你一百萬元，明年你再給我們一百一十萬元。」我說他比銀行還黑。九月二十八日拿到錢，九月三十日我碰到日本軟銀的CEO孫正義，大家談得很好，當場就拍板，獲得了二千萬美元的融資。我只跟他解釋了六分鐘，他就聽懂了什麼是阿里巴巴。

我們第一次見媒體是一九九九年的八月份。美國《商業週刊》雜誌不知透過什麼途徑，找到了阿里巴巴。他們要來採訪，我們拒絕了，後來他們透過外交部，再透過浙江省外事辦公室，一定要讓我們接受採訪。我們當時沒有電話，也沒有傳真，只有一個美國的E-mail地址。我們不想告訴別人我們是中國公司，那樣在全球化拓展過程中，大家會認定我們是三流企業。

他們被帶到住宅區，感到很疑惑。門一打開，二三十個人，在四房的屋子裡面，幹什麼的都有。他們感覺阿里巴巴這時候有兩萬個會員了，名氣很大，應該是很大的公司。最後我們拒絕發表這個文章。

一九九九年之前，阿里巴巴就是這樣。到一九九九年香港阿里巴巴成立的時候，有一個土耳其的記者說：「馬先生，阿里巴巴應該屬於土耳其的，怎麼跑到中國來了？」這句話，至少有二十幾個國家的人說過：阿里巴巴是屬於我們的，怎麼屬於中國呢？我們當時把總部設在香港，因為我們想這是中國人創辦的公司，我們希望辦一個中國人自己的公司，讓全世界驕傲的公司。香港是特別國際化的，我們在美國設了研究基地，在倫敦設了分公司，然後在杭州建立了我們中國的基地。

一九九九年、二〇〇〇年阿里巴巴的戰略很明確，迅速全球化，進入全球電子商務市場。我們要打開國際電子商務市場，培育中國國內電子商務市場。我們的口號是跳過國內聯賽，直接進入世界盃。這幾年很多人認為阿里巴巴在國外的名氣比在國內大，這跟我們一九九九年、二〇〇〇年、二〇〇一年全面的戰略有關，我們迅速地打入了海外。現在很多企業說，我們很快進入全球化，但是全球化絕不意味著請外國打工仔或者你在海外建一個廠。我們在全球化的戰略上做過很多事。

我第一次在德國作演講時阿里巴巴的會員有四萬多，而容納一千多人的會場裡面只有三個聽眾。第二次再去德國，裡面坐得滿滿的。還有從英國飛過來的會員，一起進行交流。

我們怕國外企業，他們同樣怕我們

中國進入WTO，國內所有的企業幾乎都在問這個問題，我們該怎麼辦？國外企業管理比我們好，錢比我們多，怎麼能打贏？去年我跑了二十多個國家，參加了五十場研討會，所有的研討會都談到這個問題。我們怕國外企業，他們同樣怕我們。去年我參加的研討會，題目竟然是「中國威脅」。

我第一次到倫敦，我的公關經理告訴我，下午六點十五分，BBC電視台要採訪，是預錄的節目，不是直播，請我準備一下這五個題目。我從來不準備，我說沒關係我不看。下午三點BBC又發來一份傳真，「請馬先生一定要仔細看」。六點進了BBC，還是拿出那五個題目，一定要我仔細準備。那我就準備一下。等到上場的時候，主持人說現在是BBC總部全球直播，有三億人正在看！他把鏡頭切過來問我問題，跟我準備的那五個問題一點兒關係都沒有。他問：「你是中國的公司，你在英國創建公司，你會成功嗎？你想當百萬富翁嗎？你認為你可以當百萬富翁嗎？你當得了百萬富翁嗎？」一下就把我問傻了。我當時很緊張，但還是帶著微笑回答。結束之後我說，我們會證明我們會活下去，而且會活得很不錯。後來BBC又對我做了幾次採訪，其中有一次他們派了採訪小組到國內，一組是採訪當時的上海市長徐匡迪，另一組是採訪我。那是BBC最熱門的節目，播出時間有二十五分鐘。

在網際網路最艱難的時候，阿里巴巴回到中國，把總部從上海撤回了杭州，實實在在地做事，放棄國內其他的市場，非常非常艱難。那是阿里巴巴第一次裁員，我跟會員很鄭重地說，在二〇〇〇年，我們裁掉了一些美國的工程師，如果晚半年，可能公司也沒了。不是我們聰明，而是沒有辦法。我們在實施「回到中國」策略的時候，對外沒有說。我們一直說阿里巴巴在開拓海外市場，結果有一些競爭對手跟我們去打海外市場，去了就關門了，沒能回來。

是什麼讓阿里巴巴活下來？是什麼讓阿里巴巴走到現在？我們把回來做的事比作毛澤東經過長征來到了延安，一是要做延安整風運動，第二是建立抗日軍政大學，第三是南泥灣開荒。

整風是因為變化

我們整風是因為網際網路發生了巨大的變化。每一個人對網際網路的看法不一樣，對阿里巴巴的看法不一樣。如果說有五十個傻瓜為你工作，是一件很開心的事情。困難的是每個人都認為自己聰明。當時有很多美國知名企業管理者到我們公司做副總裁，各抒己見，五十個人方向不一致肯定不行。所以當年覺得這是最大的痛。那時候簡直像動物園一樣，有些人特別能說，有些人不愛講話。所以我們覺得整風運動最重要的是確定阿里巴巴的共同目標，確定我們的價值觀。

我問在座的企業家，你們企業所有的員工是不是有共同的目標？在今年春節的時候，九

○%的杭州企業沒有一個告訴我他們內部有一個共同的目標。公司所有的員工是不是跟你一樣？我們在一九九九年提出阿里巴巴的目標：「要做八十年的企業，要成為世界十大網站之一，只要是商人，一定要用阿里巴巴。」這是我們的目標。全公司所有員工，如果你不認同這個目標，請你離開；如果你認為不可能實現，也請你離開。

柯林頓說：「是使命感。」

兩個月之前，我到紐約參加世界經濟論壇，我聽世界五百強ＣＥＯ談得最多的是使命感和價值觀。中國企業很少談使命感和價值觀，如果你談，他們認為你太虛偽了，不要跟你談。今天我們的企業缺乏這些，所以我們的企業老做不大。那天早上柯林頓夫婦請我們吃早餐，柯林頓講到一點，說美國在很多方面是領導者，有時領導者不知道該往哪兒走，沒有什麼能引導他們，他們沒有榜樣可以仿效。這個時候，是什麼讓他作出決定，柯林頓說：「是使命感。」

讓天下沒有難做的生意是我們的使命感。現在名氣最大的企業是ＧＥ，是通用電器。他們一百年前最早是做電燈泡的，他們的使命是讓全天下亮起來，這使ＧＥ成為全球最大的電器公司。另外一家公司是迪士尼，他們的使命是讓全天下的人開心起來。這樣的使命使得迪士尼拍的電影都是喜劇片。阿里巴巴作這個決定的時候，使命是讓天下沒有難做的生意。所有製造出來的軟體都是要幫助我們的客戶更容易做生意。

阿里巴巴最值錢的東西

公司要有一個統一的價值觀。我們有來自十一個國家和地區的員工，有著不同的文化，是價值觀讓我們可以團結在一起，奮鬥到明天。我們請來的CEO，他五十三歲了，是傳統企業的老經理人，非常出色，在GE工作了十六年。我們總結了九條精神，是它讓我們一起奮鬥了四年。我們告訴所有的員工，要堅持這九條精神：第一條就是團隊精神，第二條是教學相長，然後是品質、簡易、熱情、開放、創新、專注、服務與尊重。這九個價值觀是阿里巴巴最值錢的東西。

我們在二〇〇〇年制定了共同的使命、共同的目標、共同的價值觀。新員工只有經過學習才能加入阿里巴巴。今天我想跟大家講，使命、價值觀、目標是任何一個企業、任何一個組織機構一定要有的東西。如果沒有這三樣東西，你走不長，走不遠，長不大。

九〇%的中國企業家不認同我這個觀點

我做過這樣的調查，九〇%的企業家不認同我這個觀點。世界五百強企業都在講這個，講來講去就是這兩點：價值和使命。宋朝的梁山好漢有一百零八個，如果他們沒有價值觀，在梁山上打起來還真麻煩。他們有一個共同的價值觀，就是江湖義氣，無論發生什麼事都是兄弟。這樣的價值觀讓他們團結在一起。一百零八條好漢的使命就是替天行道。但是他們沒有一個共同的目標，導致宋江認為自己應該投降，李逵認為打打殺殺挺好的，還有些人認為衙門不抓他們就很好了，到了後來就崩潰了。所以一定要重視目標、使命和價值觀。這是阿里巴巴二〇〇一年做的整風運動。

靠游擊隊不行

另外是幹部隊伍的培養。幹部隊伍的培養，我想跟所有的企業分享一下。如何培養幹部？阿里巴巴怎麼做？怎麼渡過這個難關？

如果阿里巴巴想成為全世界十大網站之一，靠游擊隊不行。毛澤東靠游擊隊是不可能打下江山的。最後是三大戰役決定了勝利，要有一大批將領才能帶動起來。所有企業都會擔心：我真怕他走掉，如果這個人走掉了，業務就沒有了。你天天都想讓這個人很開心，結果成了惡性循環，公司垮掉了。有時候經理比總經理還大，因為他掌握了很多業務，所以當幹部之前你一定要讓他學習。中國很多幹部，第一種是義氣幹部，上面的領導壓下來，都是他頂著；下面的企業，他幫你扛著。還有一種是勞工楷模幹部，這人平時幹十個小時，然後你讓他當了經理，他覺得領導喜歡他當經理，本來幹十個小時，後來幹了十二個小時。再一種是專家當經理，因為這個人刀法非常好，然後你讓他當經理，肯定不行。本來四個人工作很快樂，突然他當官了，他很得意。他應該意識到另外三個人中一定有人的心態不平衡。你會發現很多經理一上台之後，把老員工全換掉了，招了一批新員工。

ＮＢＡ籃球打得好，是因為板凳上還坐著十二個人

我訓練幹部管理團隊，在問題發生之前就要處理掉。你做的任何決定是公司三到六個月之後發生的事情。如果沒有人能取代你，你永遠不會升職。只有下面人超過你，你才是一個領導。我不用你去打，要下面人去打。出去六個月你還找不到替代自己的人，說明你用人有問題，說明你不會用人。領導要把人身上最好的東西發掘出來。你要找這個人的優點，找到這個人自己都不知道的優點，這是你的厲害之處。如果有一隻老虎在後面追你，你的奔跑速度自己都不敢相信。為什麼跑這麼快？有老虎追你。每個人都有潛力，關鍵是領導要找出這個潛力。我們是怎麼想到這一招的？美國ＮＢＡ打籃球，為什麼越打越好，是因為板凳上坐了十二個人，下面的人很想上去，都認為自己打得也不差。場上的人壓力很大。你要有一套制度，要用制度保證你的公司，不要用人。所以我們在培養幹部隊伍方面，還制定了學習制度。

一九九九年阿里巴巴希望有八萬會員，當時我們提出這個口號的時候，還只有三千會員，但是那一年我們擁有了八．九萬會員。二〇〇〇年阿里巴巴提出要有二十五萬會員，結果我們擁有了五十萬會員。二〇〇一年我們希望有一百萬會員，但二〇〇一年網際網路不景氣，好像是不可能實現的。但在二〇〇一年十二月二十七日真的實現了，我們當月實現了收支平衡。現在阿里巴巴的營業額一直在增長，而且越做越好。

很多人認為，現在網際網路討論最多的是投資者和管理者有矛盾。我們不這麼認為。只有管理者會欺騙投資者，投資者不太可能欺騙管理者。投資者給你錢的時候，你記住有一天一定要還他。這是做人的品德。有一點我們感到驕傲，剛剛創業的時候，我們幾乎不打計程車。有一次我們必須打車，一輛福斯桑塔納過來，所有人都把頭轉了過去，一看中國製的夏利過來，馬上把手伸出去，因為搭桑塔納比夏利貴一塊多錢。我們今天所花的錢都是投資者的錢，如果有一天花自己的錢的時候，可以大膽地花，所以這兩年，我們以小氣感到驕傲。

零預算與口碑效應

自二〇〇〇年起我們在國內外的廣告預算為零。儘管是零預算，但是我們的會員已達到一百二十萬，越做越大。就是口碑效應。前兩天有一個研討會，有人說寧波市場不好，我說寧波市場非常好，我們在寧波賺了很多錢，所以整個收支平衡。從二〇〇一年十二月，我們公司進入非常良好的狀態。現在非常奇怪，你越有錢，人越想投資你。現在網際網路投資很難拿到風險投資，但我們很容易就能得到投資。我們現在是錢很多，但是我們用得很少。我們還要不斷地在海外發動很大的市場戰略。

現在我們的幹部也成熟了，員工擴大到了五百名。現在網際網路流行裁員，但我們是擴大發展。我們的目標是在全年賺一塊錢，也就是說，如果我們整年投資八百萬美金，我們要賺八百萬零一元美金。事實上，到現在為止，我們的確運轉得非常良好，員工從前年的一百多名，到去年的二百多名，到今年的五百多名，我們還要不斷地招募。

把錢投資在員工身上

有人說為什麼阿里巴巴還要招募員工？我們認為員工是公司最好的財富。有共同價值觀和企業文化的員工是最大的財富。今天銀行利息是二個百分點，如果把這個錢投在員工身上，讓他們得到培訓，那麼員工創造的財富遠遠不止這二個百分點。我們去年在廣告上沒有花錢，但在培訓上花了幾百萬元。我們覺得這是很好的投資。阿里巴巴現在有了一百二十萬會員，而且連續兩次被哈佛評為全球最佳個案，連續兩次被富比世評為最佳 B2B 網站。在網路電子商務領域，我們的會員數躍居全世界第一位。

而我到哥倫比亞大學訪問，那裡的教授說：當前世界網際網路的五個典型企業，跨媒體多平台以ＡＯＬ為典型，Ｂ２Ｃ以亞馬遜為典型，Ｃ２Ｃ以eBay為典型，入口網站以雅虎為典型，Ｂ２Ｂ以阿里巴巴為典型。這代表亞洲人做出了一個為亞洲企業服務的電子商務典型，並為世界ＩＴ界所認同。

可怕的不是距離，而是不知道有距離

我們最近跑了一些地方，特別是我在中央電視台《對話》節目裡面看到中國的知名企業家講了這句話，讓我覺得很不以為然。他說：「我這個企業很難管理，哪怕通用前任ＣＥＯ傑克．韋爾奇（Jack Welch）在我這裡管理，最多只能待三天。」第一，傑克．韋爾奇不會待三天；第二，他來了一定會改變你的企業。可怕的不是距離，而是不知道有距離。我在網站上也講過這句話。我先講一個例子，我有一個朋友，在浙江省散打隊當教練，他告訴我一個故事：武當山下面有一個小夥子非常厲害，他把所有的人都打敗了。他認為天下無敵，就跑到北京，找到北京散打集訓隊教練，說要跟他的隊員打一場。教練說他不能打，越不讓他打，他越要打。最後說讓他打一下吧，五分鐘不到就被打下來了。教練跟他說：「小夥子，你每天練二個小時，把每天練半個小時的人打敗了。我這些隊員每天練十個小時，你怎麼可能跟他們打？而且我們隊員還沒有認真打。」天外有天，人外有人。

企業之間有很大的區別。去年我們已經步入了收支平衡，會員達到了一百萬。到了這個地步，不知道往哪裡走了。我跟ＴＣＬ的李東生和日本索尼的老總在香港開了一個會議。交流過程中，讓我大為折服，做ＣＥＯ做到這種地步很厲害。他們把管理看成道，有非常清晰的管理理念。我不知道怎麼走，一下子就覺得原來路在這裡。後來參加世界經濟論壇紐約的論壇，我跟波音的老總、比爾．蓋茲、微軟的總裁交流，吃了飯。讓我大為折服，那是沒辦法比的，一比你才發現原來距離很大。

波音老總講公司發展戰略時說，每一個企業都會問自己一個問題，我這個決定到底是錯還是對？在座的也是這樣。這個時候往往缺少一個東西，就是公司的發展戰略。如果沒有明確的發展戰略，是不行的。他說他當波音ＣＥＯ的時候，波音公司的重心都放在商用航空上面，沒有放在軍事航空。如果發生軍事危機的話，波音一定會發生很大的危機。所以他們加強軍事航空的部分，因此九一一事件，並沒有對波音造成太大的打擊。相對於一些產業，就是工業企業，我沒有感謝九一一事件的意思，但這就是戰略的提升。我想跟大家講，這個距離是很遠的，我們中國企業家跟他們差很多。我上個月在北京參加世界經濟論壇北京分會，可能有人在網上看見我和北大教授吵了一場架，他把中國的ＭＢＡ說得天花亂墜，我說中國ＭＢＡ根本就沒有用。

不要先學做事，先學做人

那天我是有感而發。我那時剛從紐約回來一個禮拜，就趕到北京，參加中國企業家論壇會議。我從來沒那麼丟臉，那次真是丟臉丟得一塌糊塗。我們那次會議，台上四五個人在講，下面有一半的人在聽，另外一半不是打電話，就是抽煙、聊天，上面談上面的，下面談下面的。我覺得相當尷尬，為什麼中國企業會出現這樣的問題？有一個國家的部長請了十二個中國企業家進行交流座談，這個部長講話只有十五分鐘，這十五分鐘內你知道發生了什麼事？我們大半的企業家在打電話。部長的臉色特別難看，我看了都不知道該怎麼說。這不是文化的差異，是禮貌，是尊重。如果中國企業家是這樣的話，誰還跟中國企業交流，誰還願意跟中國企業做生意。我說MBA不要先學做事，先學做人，這樣才能改變我們。

所以那天我有感而發。後來去了哈佛、史丹福、麻省理工，還有印度大學，他們都罵我。我覺得MBA不是沒有用，而是有很多東西你們應該學過。我收過很多E-mail，是MBA學生來的信，說我罵他們是因為愛他們。做任何企業，其實要做三件事。企業家做人也是做三件事情。這是我跟金庸探討《笑傲江湖》的時候，我們探討出來的一些觀點。何為笑，何為傲？什麼人能笑，什麼人能傲？你做企業家你想笑，你想笑得透徹，但只有有眼光、有胸懷的人才能笑得爽朗透徹。你想傲，你一定要有實力。人家一個巴掌過去，你滾出五米之外，再傲也沒有用。所以要想笑傲江湖，就要做到眼光犀利、胸懷開闊。我認為眼光培養是讀萬卷書不如行萬里路，多看，多跟高手交流。雖然你會覺得距離蠻遠的，但這樣你的眼界就會打開。很多企業家是這樣的，覺得自己在某某城市排行第一，你到外面看一下，差得很遠。

我非常敬佩鄧小平，改革開放是非常有眼光的。他去歐洲、美國一看是這樣的，中國和它們差距這麼遠，他才知道差距。我們在座每一個企業家都要瞭解，距離不可怕，可怕的是你不知道距離。跟柯林頓吃早飯那一天，他將中國那些部長的名字都能說出來，中東的一些部長的名字也都能說出來，你會感覺他是實實在在的人，他是平凡的人，所以他偉大。要不斷地去走，不斷地去跑，不斷地去看。

胸懷是非常重要的，一個人有眼光沒胸懷是很倒楣的。《三國演義》中的周瑜就是眼光很厲害，胸懷很小，所以被諸葛亮氣死了。宰相肚裡面能撐船，說明宰相可以吸納很多怨氣。像周總理，每天抱怨他的人肯定很多，他不可能每天跟人解釋，只能幹，用胸懷跟人解釋。每個人的胸懷是靠冤枉撐大的。

再就是實力，我覺得實力是失敗堆積起來的，一點點的失敗是一個人的實力、企業的實力。如果我年紀大了，我跟我孫子說，我做成這麼大的事情，一點兒都不吹牛。孫子可能只會說：「剛好是網際網路大潮來了，有人給你投資。」但當我講當年有這個事情，我犯了很嚴重的錯誤，他會很崇拜地看著我。一個人成功的背後必然有很多慘痛的經歷。

成功必定是團隊帶來的

我一直宣導在中國企業要講究團隊精神，阿里巴巴就做得非常不錯。我是我們公司的說客，我是光說不練的人。我為我的團隊感到非常驕傲，公司有四個「O」的團隊，我把我們公司做的事情跟大家分享一下。

關明生是我們的COO，在GE、BTR等全球五百強公司做了二十五年的經理人，英國籍香港人；我們的CFO蔡崇信，歐洲Invest AB公司做投資的，他是法學博士，加拿大籍台灣人；我們的CTO吳炯，雅虎搜尋引擎發明人，美國籍上海人；我是中國國籍，杭州戶口。我們四個人各守一方，現在合作得非常好。成功都是團隊帶來的。別人把你當英雄的時候，你千萬不能把自己當英雄，如果自己把自己當英雄，必然會走下坡路。

中國人認為最好的團隊是劉、關、張、諸葛、趙團隊。關公武功那麼高，又那麼忠誠，劉備和張飛也有各自的任務，碰到諸葛亮，還有趙子龍，這樣的團隊是千年等一回，很難找。但我認為中國最好的團隊其實是唐僧西天取經的團隊。像唐僧這樣的領導，什麼都不要多說，我就是要取經。這樣的領導沒有什麼魅力，也沒有什麼能力。悟空武功高強，品德也不錯，但唯一遺憾的是脾氣暴躁，公司常有這樣的人。豬八戒是狡猾，沒有他，生活少了很多情趣。沙悟淨，你不要跟他講人生觀、價值觀，他覺得「這是我的工作」，半小時幹完了活就睡覺去了。這樣的人公司裡面有很多很多。就是這樣四個人，千辛萬苦，取得了真經。這種團隊是最好的團隊，這樣的企業才會成功。

今天的阿里巴巴，我們不希望用精英團隊。如果只是精英們在一起，肯定做不好事情。我們都是平凡的人，平凡的人在一起做一些不平凡的事，這就是團隊精神。我們每個人都欣賞的團隊，要這樣才行。

電子商務只是一個工具

接下來我講什麼是電子商務。這兩年電子商務被說得越來越神奇。說實話我不太願意參加ＩＴ的論壇。人家一說馬雲是ＩＴ業界人士，我就慌了。阿里巴巴不是一家ＩＴ企業，而是一家服務公司，我們以網路為手段幫助我們的客戶，把客戶變成電子商務公司。如果明天發現有一樣東西比網際網路更好，我們就會用那種東西。我們不要成為高科技公司，那是為了爭取優惠政策。跟客戶談的時候，你越不高科技越好。你跟客戶說你有高科技，客戶會崇拜地看著你，不會買你的產品，因為高科技太遠了。我們講高科技是說給別人聽的，自己都相信了，那就麻煩了。所以我們說我們不是高科技，不是ＩＴ企業，而是商務服務公司。網際網路不是什麼高深的東西，而是一個工具。電子商務只是一個工具。

這兩年做工具的人，把自己的榔頭說得天花亂墜，把真正買榔頭的人弄糊塗了，所以很多工廠停下來都去生產榔頭。說我們公司給你一個電子商務的解決方案，電子商務不是解決方案，而只是一個工具，你拿回去之後，用這個工具解決自己的問題，這才是真正的電子商務。電子商務這個工具，跟傳真、電話沒什麼區別，它只不過是把傳真、電話、網路、電腦、電視、報紙結合在一起的工具，用起來還是不錯的。所以我想跟大家講，我們不要把電子商務看得太神祕。寧波有多少企業在做？很多企業在做，用電子商務做物流、配送等，說得天花亂墜。電子商務有三個流：資訊流、資金流、物流。今天電子商務只能做資訊流，而企業只能用電子商務做資訊流。如果有人告訴你我能幫你做資訊流，而且還能做資金流和物流，我覺得他是在說謊。現在沒有一家公司能夠把資訊流、資金流、物流結合在一起。不是技術做不到，而是很多東西沒有準備好。比如資金流，誰做得最好？銀行做得最好。

阿里巴巴不做資金流。二〇〇一年十二月份我到達佛斯（Davos）參加一個會議，在會議上我看到一個客戶，他是歐洲人，他說：「阿里巴巴做得真不錯，我就用阿里巴巴。我的賣家就是在阿里巴巴找的，但我不會在網上交易。我現在可以把我銀行裡的錢匯到任何一個帳號，二十四小時一定能夠收到，我為什麼要在網上付錢？」我覺得很有道理。我作了一個調查，九九％的阿里巴巴會員告訴我，願意在網上支付的金額在五千美元之下。

電子商務不是救命稻草

美國東海岸的羊和西海岸的羊有很大區別，羊種是一模一樣的，東海岸的羊心臟功能很好，體格發達，西海岸的羊心臟很肥大。原因是什麼呢？東海岸有狼，羊經常跑；西海岸沒有狼，羊的壽命不是很長。同樣是羊，聽見狼來了的時候，瘦的羊就跑掉了。根本不用怕，狼過來的時候我自然會跑，我現在身體狀況很好，而狼自然先吃掉你。大型企業一定會被那些國外企業消滅掉，小企業掉頭快，逃跑很快。寧波的企業，溫州企業這兩年發展快，因為他們小，船小掉頭快，形勢不對馬上就跑。這個不是賭博，是投資。曾經有一個企業領導跟我們說，他們不做電子商務不會死，做了電子商務會讓他們很快死掉。他說他們就怕這個，我說這種情況並不多，不能把所有的錢壓在那兒。所有的商業投資要看有沒有效果，有效果投一點，沒有效果就不要多投，它不是救命稻草。公司要成長，有很多事情要做，不光是電子商務。電子商務能夠幫助你的就是找到國內外的買家，至於買賣能不能做成，還有很多企業內部經營管理的問題，所以我覺得要把電子商務當作投資。就像學外語一樣，你如果不學，等到要用的時候，已經來不及了。

嘴上說網路不一定有用，但是付錢比誰都快

千萬不要相信我們很多小企業家對電子商務的看法，中國商人特別精明，誰都不願意告訴別人自己成功的經驗。我小時候書讀不好，是因為很多同學都玩，我也玩，天天玩，他們說玩有好處，然後就玩，結果考試考不過他們。後來到人家家裡才發現，他們在家裡會認真

學習，而我還在玩。這個例子告訴大家，我們中國的中小型企業，電子商務做得非常好，但是他們不會告訴你們經驗。我很高興，剛才有一個客戶跟我們分享經驗。這種事例非常少。他在網站上賣雨傘，這個雨傘非常好賣。他說：「不要讓我做採訪，不要讓我分享經驗，這種事情我不會幹的。分享經驗是不行的，我這樣做，大家都賣雨傘怎麼辦？」這種心態我非常理解。江浙企業非常有意思，嘴上說網路不一定有用，但是付錢比誰都快，他們怕別人追上來。

有時候要相信自己，用自己的眼光去看待電子商務才是有意思的。不管是用我們的網站，還是用別人的網站，只要是網站，大膽走出第一步，這一步下去，你肯定會嘗到甜頭。但是也不要奢望今天上網三天內有效果。

有的企業家告訴我，他們早就運用電子商務了。我說：「你們怎麼運用電子商務？」他說：「我們租了很多網站，花了很多錢。」我說：「你們網站的名字呢？」「名字我不記得了。小趙，名字是什麼？」小趙也不知道，這個也要查查看。這個也叫電子商務？做一個網頁的目的，就是買一套軟體。做了一個網站，只是剛剛開始。買了一個扳手回來，往家裡面一放，就算做好了？

對客戶也要２７１戰略

剛剛提出電子商務是一個過程，是以商務為目的，以電子為工具或手段，去經營你的企業，而不是說買一套軟體就可以了。我們現在實行內部２７１戰略，二〇%是優秀員工，七〇%是不錯的員工，一〇%的員工是必須淘汰掉的。我對客戶也要實行２７１戰略，每年有一〇%的客戶一定要淘汰掉。比如說我是醫生，你是病人，你來看病，你不曉得電子商務，我開了一個藥方，你把藥買回去往家裡面一放，不吃藥，我也沒有辦法。

我經常在許多企業跟他們員工講一個故事，這是我對企業的了解。杭州有一個很有名的餐廳——在杭州、上海、南京、北京的很多分店都需要提前甚至是提早一個禮拜預訂座位——六年前我到這個餐廳的時候，裡面只有幾張桌子，我點好菜後在那兒等。過了五分鐘，經理來了說：「先生，你的菜再重新點吧。」我說：「怎麼了？」他說：「你的菜點錯了，你點了四個湯一個菜。回去的時候一定說餐廳不好，菜不好，實際上是你菜點得不好。我們有很多好菜，應該點四個菜一個湯。」我覺得這個餐廳很有意思，為客人著想，不會像有的餐廳看見有客人來，就說龍蝦怎麼樣，甲魚也不錯。他會對你講沒必要這樣，兩個人這樣就行了，不夠再點。你感覺他為客戶著想，客戶成功了，他才會成功。如果客戶不成功，他也不會成功。

有的時候我們公司奉行「客戶永遠是對的」，但是大部分時間他們是錯的，他們不知道我們在幹什麼。我們是企業家，明白自己在幹什麼。他們永遠是對的，但是有時候不對。電子商務這個東西要配合，而阿里巴巴是一個商務服務公司，幫大家在網上合作。所以我對電子商務的交易就是這麼一句話：它是一個工具，不是炸彈，拿這個工具用一下，它會幫你把你的產品推到全國甚至全世界；它能幫你在網站收集其他人的情報；它能幫你加強內部的管理和調節。

我今天就講到這兒，大家有什麼問題可以提問，共同交流。

馬雲給年輕人的 12 堂求生課——今天很殘酷、明天更殘酷、後天會很美好。／張燕編著 -- 初版 . -- 台北市：時報文化, 2015.1；　面；　公分（人生顧問；202）
ISBN 978-957-13-6147-5（平裝）
1. 馬雲　2. 企業家　3. 職場成功法　4. 中國
490.992　　103025014

原著作名——我的人生哲學
作者——張燕
本書由天津磨鐵圖書有限公司授權出版，限在台灣地區發行

人生顧問 202
馬雲給年輕人的 12 堂求生課——今天很殘酷、明天更殘酷、後天會很美好。

編者　張燕｜**主編**　陳盈華｜**編輯**　林貞嫻｜**美術設計**　莊謹銘｜**執行企劃**　楊齡媛｜**總編輯**　余宜芳｜**發行人**　趙政岷｜**出版者**　時報文化出版企業股份有限公司　10803 台北市和平西路三段 240 號 3 樓　**發行專線**—(02)2306-6842　**讀者服務專線**—0800-231-705・(02)2304-7103　**讀者服務傳真**—(02)2304-6858　**郵撥**—19344724 時報文化出版公司　**信箱**—台北郵政 79-99 信箱　**時報悅讀網**—http://www.readingtimes.com.tw｜**法律顧問**　理律法律事務所　陳長文律師、李念祖律師｜**印刷**　盈昌印刷有限公司｜**初版一刷**　2015 年 1 月 9 日｜**初版十九刷**　2018 年 11 月 19 日｜**定價**　新台幣 320 元｜行政院新聞局局版北市業字第 80 號｜